有香气的自然风花园

庭院设计与植物图鉴

日本FG武藏 著

许佳琳 译

机械工业出版社

CHINA MACHINE PRESS

目 录 *Contents*

Garden Soil's Four seasons

花园四季

"GARDEN SOIL（花园净土）"位于日本长野县
须坂市一处山麓的平缓坡地上。自开园以来17年间，
各株植物茁壮生长、相互融合，形成了自然的野生
花园。本部分将分季节介绍GARDEN SOIL引人
注目的魅力所在。

5—6月

From Spring to Early Summer

春至初夏

春季，是庭院的花色与绿植群落十分协调的时节。以枝叶蓬勃的苍翠绿植为背景，花色更显艳丽夺目。

在这天然的主花园中，粉色与蓝色等轻柔色调的花朵，营造出一片祥和之景。这一季节的独特之处，便是与柔和的绿色相辅相成的清新色调。

From Spring to Early Summer

植物生机勃勃、令人心旷神怡的季节

春至初夏，万物生长。比其他温暖地带晚一个月左右，GARDEN SOIL 的庭院迎来了百花盛开的时节。在这个时节，点缀庭院的主要为粉、蓝、白等清爽的花色。另外，以毛地黄属（*Digitalis*）、钓钟柳属（*Penstemon*）、蝇子草（*Silene*）等原产于欧洲或北美等较凉爽地域的植物为主，勾勒出一片如草地般的风景。

除草本花卉之外，给庭院增添浓墨重彩一笔的便是早开花或中期开花的月季（*Rosa*）品种。将其不露声色地缠绕在藤架、栅栏或花坛之上，给以宿根草为主的景致增添一丝遒劲与优雅。庭院里所栽植的品种都以健壮且无须耗费精力打理、绚丽且富有野趣的原种或古典月季（Antique Rose）为主，打造出一幅野生景象。采用四季开花的英国月季（English Rose）与法国蔷薇（French Rose）等现

代月季，给庭院增添一些都市风的元素。

在春至初夏的庭院里，从山上吹来的风儿轻抚着各株植物。在这个季节，我们可以尽情享受那宜人的微风拂过，植物生机勃勃的美景。

右上图／起连接过渡作用的毛剪秋罗（*Lychnis coronaria*）。粉色的美丽月见草（*Oenothera speciosa*）那蓬勃的精气神儿，使庭院更显明亮。
右中图／透过日光，美丽绽放的锦葵（*Malva sylvestris*）。天然去雕饰的景象独具魅力。
右下图／岩石花园斜面，狂野生长的细叶大戟（*Euphorbia cyparissias*）。因其不断蔓延，所以有时会通过拔苗来控制它的繁殖。

上图 / 东侧花坛的入口处设有栅栏。将里面的栎叶绣球（*Hydrangea quercifolia*）和跟前的宿根草区分开来，起到切换景象的作用。

下图 / 在种子自然掉落繁殖而成的蟳草属（*Knautia*）等植物盛开的野生花坛中，将欧石南属（*Erica*）植株布置成圆形，作为一个焦点景观，打造出颇具设计感的庭院。

沐浴在阳光之下、茁壮成长的花朵儿，随风摇曳，静静躺在花坛中的陶器，令人不由感到一丝宁静安详。

生机四溢的

野生花园

*From Spring
to Early Summer*

上图／在栽有许多草类植物的区域之中，将长朱子柳叶菜（Epilobiumpyrricholophum）作为一个焦点景观。树枝结成的朴素栅栏及装饰，营造出宁静氛围。
下图／即使混植了多种纤细的草本花卉，也不显得杂乱无章，而是精美地组合在一起。其诀窍就在于色调的统一。

轻轻散发着古典月季芳香的"平房玫瑰"
（Cottage Rose，英国月季的一种）。因为其
四季开花性强，可持续盛开至秋季。

From Spring to Early Summer

左图／田口先生说："因为不是以月季为主的庭院，所以尽量选择了不过分突出的品种，并将庭院打造成看起来非常自然的景象。"于是形成了豁然开朗的风景。

中图／点缀上方的有两种藤本月季，"保罗的喜马拉雅麝香（Paul's Himalayan Musk）"和"约克城（City of York）"。

右图／在铁制方尖塔上，缠绕可爱的粉色月季"哈洛·卡尔（Harlow Carr）"。

藤本的腺梗蔷薇"基夫茨门"（*Rosa filipes* 'kiftsgate'）在栅栏及拱门上繁茂生长。位于其下方的灌木状月季"佩内洛普（Penelope）"，给庭院更添一分清爽色彩。

为遮蔽建筑物的后院，将野蔷薇
（*Rosa multiflora*）牵引至建筑的
一角。一簇簇单瓣的朴素白花，
与堆砌着柴火的场景完美搭配，
营造出田园诗般的风景。

原生素朴的怀旧风景

*From Spring
to Early Summer*

庭院深处，木制拱门鳞次栉比。
将月季"保罗的喜马拉雅麝香"
缠绕其上，打造出一条月季隧道。
让处于半背阴处蓬勃攀爬的藤蔓
尽情生长。可爱的小花朵随着不
断地绽放，花色也会由粉渐白。

于庭院尽头设置一处西式凉亭。被草丛环绕的古典景象，打造出梦幻般的场景。覆盖在屋顶上的是月季"粉红兰布勒（Blush Rambler）"。

上图 / 在前院分区设置一处由天然石块堆积而成的岩石花园。种植多肉植物等，并利用柳叶马鞭草（Verbena bonariensis）给花园四处增添朴素色彩。

下图 / 八宝（Hylotelephium erythrostictum）、景天属（Sedum）、圆叶过路黄（Lysimachia nummularia）等随意混植。

上图 / 在菜园入口处，设置一处质朴的木制拱门。牛至（Origanum vulgare）及连香树（Cercidiphyllum japonicum）的低矮树篱，一同将花园柔和地分隔开来。

下图 / 自然落种繁殖而成的紫甘蓝"红宝石球（Ruby ball）"，以及作为伴生植物栽培的具有防虫效果的母菊（Matricaria chamomilla）。色彩对比赏心悦目。

Honey

酿 蜜

春季到夏季期间，将蜂箱放置在相识的养蜂人家的花园后面，用以采集花蜜。蜂蜜的种类分为两种，即从花坛中盛开的鲜花采集的"百花蜜"，以及具代表性的树蜜"金叶刺槐蜜"。根据采蜜的时期不同，蜂蜜的味道和香气也各不相同。蜜蜂采蜜的同时也能达到授粉效果，因此花园里的鲜花也十分欢喜，收获颇丰。

为了让蜜蜂能安稳地栖息，将蜂箱设置在人难以入内且能避免强风侵袭的竹林背阴面。如寺庙佛堂般的形状与蓝色的涂料实在是可爱无比。

自制蜂箱

美国薄荷属
（*Monarda*）

松果菊属
（*Echinacea*）

柳叶马鞭草
（*Verbena bonariensis*）

美丽月见草
（*Oenothera speciosa*）

蠕草属
（*Knautia*）

* 此外，还有鼠尾草属（*Salvia*）、大叶醉鱼草（*Buddleja davidii*）等植物。

享受美味

稀释百花蜜而成的碳酸饮料"honey cider（蜂蜜汽水）"。口感清爽、易饮用，能舒适地滋润因庭院作业而干渴的咽喉。

百花蜜（左图）体现该季节的花香；金叶刺槐蜜（右图）颜色更为鲜明、透亮，香气清爽。蜂蜜的色差是由花粉的颜色所决定的。

7—8月

Summer

夏

夏季，布谷鸟啼声响彻整个庭院。红色、橙色、黄色、粉色等明亮色彩的鲜花相拥绽放。这是与春季截然不同的暖色调，只凝视它们就能元气满满。

左图 / 线条纤细的草本花卉从砾石花园小径的两侧伸出，打造出一条被花海包围的漫步小道。

右图 / 红色和粉色的蜀葵（*Alcea rosea*）相拥盛开的夏季花园。"到目前为止，我们已种植了各种各样的品种，但似乎这两种颜色的花，更加顽强，每年都开得很好。"

Summer

百花编织的梦幻景观

夏日花园中，植物那蓬勃生长的气势，毫不亚于倾洒而下的阳光。由多种多样的花草——自春天开始持续盛开的花朵，以及开放至秋季的植物等编织而成的风景，宛如一幅挂毯。

为了打造出如此的自然风光，田口先生和片冈女士都十分克制，并未多加修饰。只有当生长力旺盛的山桃草（*Gaura lindheimeri*）、婳草属及福禄考属（*Phlox*）等植物过度繁茂时，才会通过拔除手段进行疏苗，以控制植物密度。并在新增的空处种植其他植物，看上去就像是在编织花纹一般。在清晨和傍晚，当从极低处照过来的光线洒满这草地般的风景时，便构成一个光影交错的梦幻世界。

在这个季节，花期晚的月季仍在盛开。从拱门到栅栏、方尖塔到树篱间尽情蔓延着的藤本月季，与夏季的花草相辅相成，给庭院增添了一丝野性气息。出色的平衡感及设计感，使这个庭院熠熠生辉。

从庭院入口处的拱门下方眺望的花园景色。缠绕在拱门上的葡萄的藤蔓及铜色枝叶，增强了整体氛围。与耸立在花园深处的标志树——金叶的刺槐"弗里西亚"（*Robinia pseudoacacia* 'Frisia'）之间形成绝妙对比。

枝叶茂盛的刺槐树下，花坛"Red
（红）"的一角。中欧婚草（Knautia
macedonica）奔放地伸展着花茎。
榅桲（Cydonia oblonga）和楸子
（Malus prunifolia）的果实开始饱
满起来。

上图 / 花坛"yellow（黄）"一角，蜀葵、向日葵属（*Helianthus*）、缘毛过路黄"爆竹"（*Lysimachia ciliata* 'Firecracker'）簇拥绽放。若隐若现的凉亭成为这一场景的焦点。

下页上左图 / 轻轻绽放的阿米芹属（*Ammi*）植物和骤然开放的黑色蜀葵之间，形成时髦俏丽的对比。

下页上右图 / 由自然落种生出的山桃草、马鞭草属（*Verbena*）、田野孀草（*Knautia arvensis*）等，点缀在小径两侧。

下页下图 / 树状绣球"安娜贝尔"（*Hydrangea arborescens* 'Annabelle'）低垂开放的前院。陈旧的白色桌椅，给景色增加了一种契合感。

专注于植物的造型与质感
打造美景

Summer

沿直线向上旺盛生长的蜀葵与横向茂密的树状绣球"安娜贝尔"。不仅是花色的对比，有着巨大差异的植株形态也使景观显得与众不同。

Summer

上左图／苍翠的主花园。草坪作为连接左右两侧绽放的草本花卉的桥梁，将花色衬托得更为艳丽。

上右图／红色、粉色的孀草属以及蓝色的刺芹属（*Eryngium*）等植物，其蓬松、纤细的线条，使花园看起来十分梦幻。

下左图／美国薄荷属和萱草属（*Hemerocallis*）等植物的鲜红色，给柔和的色调增添了活力。

下右图／将树状绣球"安娜贝尔"、福禄考属、阿米芹属等花进行多层搭配，给景观带来进深感。

遍布拱门和旁侧栅栏的攀缘月季（Rambler Rose）"白色桃乐西·帕金斯（White Dorothy Perkins）"。虽然是白色的花种，但由于返祖现象，其中也盛开着一些粉色花朵。从拱门上低垂下来的月季与对侧的植物汇集成一片粉色，打造出一幅浪漫景致。

在位于庭院深处的西式凉亭上覆以藤蔓旺盛的古典月季"粉红漫步者（Blush Rambler）"，营造出寂静而美丽的景色。

使攀爬至铁塔的粉色"桃乐西·帕金斯（Dorothy Perkins）"的藤蔓轻轻下垂，勾绘出一幅优雅的场景。那小花朵压弯的柔软枝丫，与粉花绣线菊（Spiraea japonica）的白花重叠在一起，描绘出美丽的白粉渐变色。

像欲遮掩小房子一般地伸展着枝叶的欧洲李（*Prunus domestica*），结出许多紫色的果实。由于这个庭院并未经过杀虫，虫子会钻入其中，所以只是任其生长，并不收获果实，且将其作为风景的一处点缀。

给庭院带来韵味

形状多样的新鲜水果

上左图 / 西洋梨（*Pyrus communis*）
上中图 / 葡萄
上右图 / 楸子
下左图 / 被有绒毛的夏季榲桲。在秋季还会再膨胀几倍，染上艳丽的黄色。
下右图 / 榲桲那屈曲的树形，给庭院增添了一丝趣味。

Summer

左图／这个菜园的特征便是，花和蔬菜混植在一起。选种毫不逊色于花朵的美丽蔬菜。

右图／收获旺季的菜园。片冈女士正在采摘西洋蓍草（*Achillea millefolium*）深处的蔬菜。

左图／菜园跟前的香草园。野胡萝卜、春黄菊（*Anthemis tinctoria*）、西洋蓍草、薄荷等繁茂生长。由梣叶槭（*Acer negundo*）打造出一处适宜的背阴处。

右图／生长在野胡萝卜（*Daucus carota*）茂密深处的红茶藨子（*Ribes rubrum*），结出累累硕果。

午餐时间

GARDEN SOIL 的庭院中，无论何时都能收获一些蔬菜、香草、水果。而且，在附近的休息区也能购买到新鲜蔬菜，因此，片冈女士能快速地制作午餐。在匆忙之时制作的菜品，虽然比较简单，但全是色彩丰富、卖相极好的食物。

收获

菜园中，种植了许多颜色与形状各不相同的蔬菜。不仅看上去不错，吃起来也非常美味。我常常会拿着菜篮去园中摘菜。

FRESH

左图／带有漂亮紫色的羽衣甘蓝。将其放在披萨饼上一烤，就会有海苔般的味道和口感。
右图／缠绕在木制拱门上的紫色菜豆。生命力旺盛，结出狭长的豆荚，可供享用一段时间。

烹饪

这是两人共同设计的厨房，用以制作午餐及茶饮。我们在这里开设了烹饪班，在这个宽敞舒适的空间里，烹饪也会变得有干劲起来。

左图／园艺师粟野原女士也加入我们，大家正在一起准备午餐。从庭院回来的田口先生则待在桌子旁，负责摆菜。
右图／"将紫色菜豆用热水焯一下，就会掉色哦。"因为从店铺可以窥见厨房，所以要有技巧地完成烹饪。

露天午餐

平时我们是在厨房旁的桌子边用午餐，但是当天气晴朗、有客人来访时，也会在庭院里用餐。在湛蓝天空下就餐，比平时更容易让人打开话匣子。

点缀桌面

用收获的蒲叶二行芥（*Diplotaxis tenuifolia*）等香草点缀桌面，打造出清新的画面。也可用手摘一点儿香草放在菜肴上，来增添香味。

伸展着枝丫的紫荆（*Cercis chinensis*）打下一片凉爽的树荫，形成夏日宜人的空间。可以和朋友在此处一边品着红酒，一边赏月。

夏季菜单 Menue

使用从菜园采摘的菜豆、番茄、芝麻菜（*Eruca vesicaria*）、蒲叶二行芥、茴香、茄子等，制作的绿色菜单。

夏季沙拉和面包

在英式马芬上，放上用橄榄油和椒盐进行调味的沙拉。

菜豆炒嫩煎猪肉块

用盐和胡椒将紫色菜豆、西兰花、猪肉进行翻炒。虽然菜豆豆荚很大，但口感十分松软。

浆果点缀的冰淇淋

将红茶藨子和蓝莓作为冰淇淋的顶饰。酸味构成其独特风味。

冷制法式炖菜

将法式炖菜提前一天制作好，然后放入冰箱冰镇。喝一口，便可使因劳动而发热的身体凉快下来。

寒冷时节的午餐

伴着暖炉里柴火烧得噼里啪啦的声音用餐，是无上幸福的事。只需几十分钟的午餐时间，我们便能在下午的劳作中感到精神饱满，而一碗热腾腾的汤是必不可少的。

这一天的午餐菜单是附近面包店的美味三明治和片冈女士制作的洋葱汤。撒在汤中的帕尔马干酪，更加深了其浓郁风味。在这个时节，日本长野县产的苹果总是给餐桌增添一丝暖色。这一带栽培了许多苹果品种，如"富士""信浓甜（Shinano Sweet）""信浓金（Shinano Gold）"等，时常也会有顾客携苹果而来。

日本长野县的苹果十分甘甜可口

 活动中大放异彩
披萨窑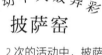

在每年举办 1、2 次的活动中，披萨窑最具人气。披萨窑是田口先生利用砖块和混凝土块堆砌而成的。用经过多重改良的锅制作的披萨，受到大家一致好评。

将砖块堆砌成拱门状，打造出一个圆顶型的披萨窑。将窑中的温度保持在 300℃，就能把披萨烤得香脆可口。再加上从庭院采摘的芝麻菜、罗勒叶等，以丰富口味。

田口先生笑着说道："披萨窑每年只会使用 3、4 次，现在回想起当我还不熟练时做出来的披萨，那真是相当不美观啊。"最近，田口先生正在指导新手们如何制作披萨。披萨盘是剪去盆子的一部分制作而成的。

小孩子们也非常高兴！

Autumn

秋

秋季，GARDEN SOIL 笼罩在红色、黄色、橘色等暖色之中。植物沐浴在阳光下，闪耀着金黄色的模样，有着与生长期截然不同的幽深情趣。

沐浴着光芒四射的阳光，一片丰润的世界悄然展现

秋季的庭院里，花色大幅减少。但是，只有这个季节才有的独特的造型美，充斥着整个花园。从夏季开始持续盛开的鼠尾草属植物，只在长长的花序前端开出花朵，显露出一副被肆虐的模样；松果菊和金光菊属（*Rudbeckia*）还残留着枯花，那凋零的姿态也十分耐人寻味。在秋天这个时节，除了能欣赏美景之外，庭院中还蕴藏着一种力量，它能够让人忆起庭院在春天的生机勃勃，在夏天的元气满满，并且唤起人们的乡愁。另外，对于喜欢植物的人来说，秋季花园中，到处都是新鲜的发现，如仅凭花的外观无法想象形状的种子等。另一件令人赏心悦目的事物是，红色、黄色的成熟果实。那可爱的果实让已渐冷的空气都变得温暖起来。

直到12月降雪前，植物在剩下的生长周期中，仍然在竭尽全力地结出果实或种子。秋季，让人们将植物那坚强的姿态铭刻于心。

10月的庭院里，夏季开始持续盛开的花朵，在秋日阳光的照射下熠熠生辉。这里有着各种各样的植物，有的只在花序的前端还残留着花朵，有的早已结种。

上图/在枝叶茂盛的柳树映衬之下，蓖麻（*Ricinus communis*）的红叶与鲜艳的月季花格外显眼。茶色的烟囱成为一个焦点景观，起到画龙点睛的效果。

下图/片冈女士说："为了能够欣赏植物枯萎的姿态，我们不会马上进行修剪。最近，越来越多的人能够懂得秋季庭院的妙处，我感到非常开心。"

标志树——金叶刺槐"弗里西亚"，越过四季，掀起令人印象深刻的光景。黄色落叶铺成的地毯不断蔓延，这样的秋季是特别的。

蝟草属和蓝盆花属（*Scabiosa*）植物丛生的角落，也显现出一片沉静。

富有情调的秋季色彩
邀人步入诗意世界

Autumn

上左图／娇小可爱的粉红鼠尾草
（*Ocimum labiatum*）正悄然绽放。
上中图／从春季开始持续开放的东方
毛蕊花"十六支蜡烛"（*Verbascum
chaixii* 'Sixteen Candles'），即使在
秋季，也吸人眼球。
上右图／鼠尾草"黄色王权"（*Salvia
madrensis* 'Yellow Majesty'）和玫瑰
叶鼠尾草（*Salvia involucrata*）的搭配
组合，展现出朴素又艳丽的色调。
下左图／绒毛狼尾草"卢布卢姆"
（*Pennisetum setaceum* 'Rubrum'）的
红色穗子令人印象深刻。
下中图／接连开花直至深秋的百日草
（*Zinnia elegans*）。
下右图／富有野趣的足摺野路菊
（*Dendranthema occidentali-aponense*
var. *ashizuriense*）。

品味自然之美

从维持生命的各种植物姿态中

左图 / 散发着哀愁的，晚秋时节的榅桲果实。

右图 / 落叶伊始，楸子"阿尔卑斯少女"的树形与红色果实格外显眼。这时，也到了鸟儿们寻果啄食的时候了。

沼生栎（*Quercus palustris*）的红叶带来一片深沉的色彩，大大提高了庭院的整体氛围。

左图 / 每当秋季，圆锥绣球"聚光灯"（*Hydrangea paniculata* 'Limelight'）的白色花朵便会染上微妙的粉色。

右图 / 鲜明的深粉色百日草，为深褐色的风景增添了一丝生动色彩。

Autumn

上左图／缠绕在柱子上的地锦（*Parthenocissus tricuspidata*）。泛红的藤蔓与黑色的果实，给画面增添一丝色彩。

中左图／三裂叶金光黄（*Rudbeckia triloba*）的黑色花蒂，发挥着充实衰败植物景观的作用。

下左图／发草属植物（*Deschampsia*）的纤细穗子，将形似刷子的起绒草（*Dipsacus fullonum*）包裹着，形成一幅耐人寻味的画面。

上右图／丛生的泽兰"巧克力"（*Eupatorium rugosum* 'Chocolate'），结出白色种子，构成一幅梦幻景象。

中右图／带有棕色种子的斑鸠菊属（*Vernonia*）。种子掉落后残留的花萼也十分可爱。

下右图／南欧铁线莲"哈格尔比·怀特"（*Clematis viticella* 'Hagelby White'）。白色棉絮状的种子悠然低垂着，宛如首饰一般。

左图／生长于月季"约翰·莱恩夫人（Mrs. John Laing）"
根部处的八宝（*Hylotelephium erythrostictum*），其渐黄的叶、
枯萎的花序，赋予玫瑰园秋的深度。

右图／月季"赛昭君"，其凌乱的树形、素淡的花色也独
具魅力。

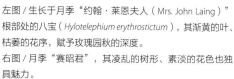

无论修剪何处都十分上镜的秋季庭院。
"虽然我回答客人说，6月左右，花儿
是最美的，是最适合赏花的时节。但是，
我们自己拍的照片更多的是10月下旬
的庭院。"

栎叶绣球（*Hydrangea
quercifolia*）低垂着枯
萎的花序，深红的叶
充满余韵，宁静且沁
人心脾。

庭院深处的"草丛步道（Grass Walk）"区域里，草类植物在秋季阳光下，反射出美丽的光泽。西式凉亭安静地伫立着，一派怀旧风景。

秋之收获

自春季以来，菜园里的花卉和蔬菜持续蓬勃生长。一入秋，色彩斑斓、清新水灵的花坛，情趣便骤然一变，转而呈现出一副祥和宁静的模样。果实及花卉的数量也大大减少，但是，那乡土气息反而营造出了独具魅力的风景。

在红色、黄色的树木背景下，菜园独特的深沉色彩蔓延开来。

顽强的蔬菜

辣椒

紫甘蓝

圣玛扎诺番茄（*Solanum lycopersicum* 'San Marzano'）

紫叶芥菜

厚皮菜
（*Beta vulgaris var. cicla*）

茄子

连香树树叶的黄色、厚皮菜的根茎颜色，与紫色羽衣甘蓝的暗色调之间的对比，营造出一种成熟的氛围。

采收种子

利用佐料瓶或糖果罐，整洁明了地保存种子，可以提高播种效率。

一粒小小的种子所蕴含的生命力，是令人难以置信的。正如花的模样不同，植物种子的形状、生长方式也是千差万别的。一株植物上可采收许多种子，因此，庭院的土壤面积越大，经济效益就越大。另外，还可以在某种程度上保留自己喜欢的品种。为了不降低发芽率，在播种前，需要将种子放至阴凉处进行保存。

如何采收

STEP 1　收种

种子成熟、干燥之后，将花茎从根部切除，进行收种。因为种子会啪啦啪啦地掉落，所以收集之后，马上放入纸袋为好。

蜀葵

山桃草

毛剪秋罗

STEP 2　采种

方法 1：揉搓

金光菊属等菊科植物，一般是通过揉搓头状花序的方式提取种子。

方法 3：剥开取出

黑种草属（Nigella）和耧斗菜属（Aquilegia）等植物的种子通常结在壳里，或结在类似于豆科植物的豆荚部位里，针对这类品种，一般是采取剥开外壳或豆荚的方式进行采种。

方法 2：敲打

毛蕊花属（Verbascum）等穗中结籽的植物，一般是采取轻轻敲打的方式，使其种子脱落。

赠人玫瑰手有余香 Present

当采集了许多种子之后，和园艺伙伴们交换种子，互赠礼物，是一件非常开心的事。将种子放入小袋子里并系上绸缎，一个如同小点心般的可爱礼物就完成了。

秋季种子的采集清单

通过了解种子，能够更加深入地
感受植物的神秘所在！

草甸鼠尾草（*Salvia pratensis*）

种子收获期：7—11 月

蜀葵

种子收获期：7—10 月

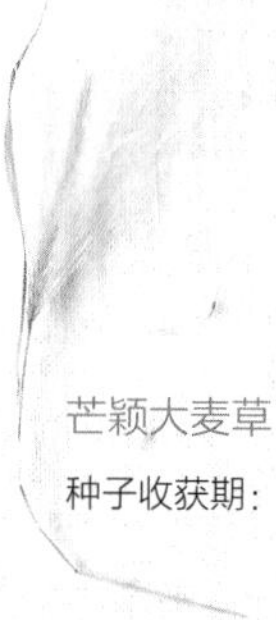

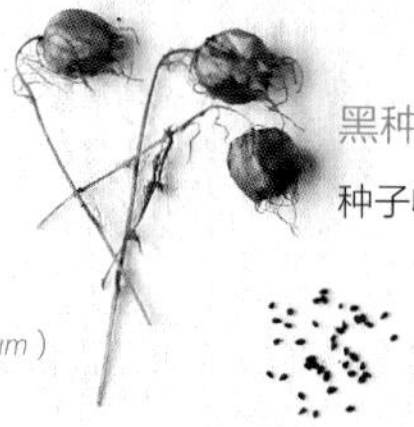

黑种草属

种子收获期：8—11 月

芒颖大麦草（*Hordeum jubatum*）

种子收获期：8—11 月

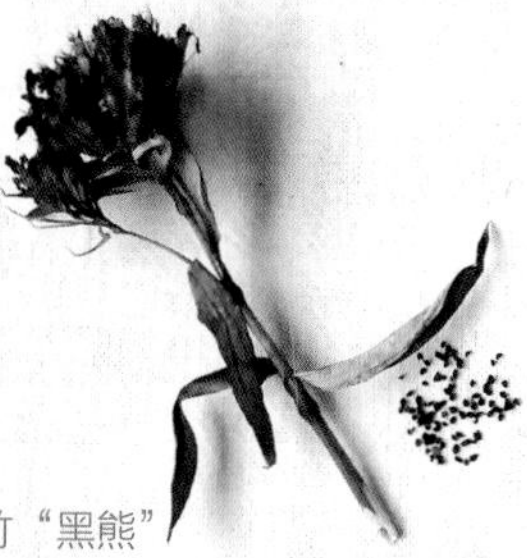

须苞石竹"黑熊"

（*Dianthus barbatus* 'Black Bear'）

种子收获期：6—10 月

苍耳芹属（*Orlaya*）

种子收获期：8—11 月

肥皂草属（*Saponaria*）

种子收获期：8—11 月

松果菊属

种子收获期：7—11 月

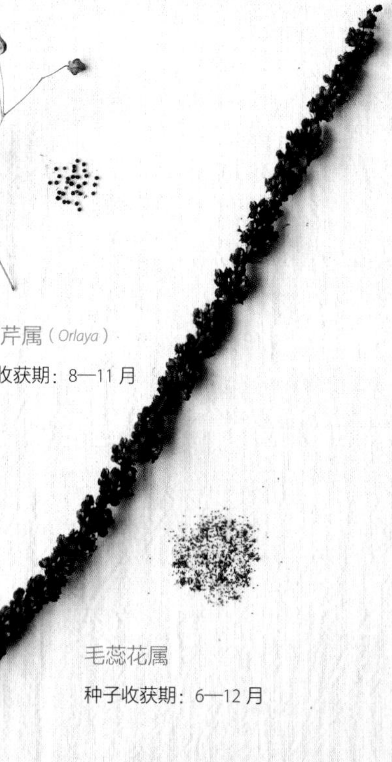

毛蕊花属

种子收获期：6—12 月

12 月至来年 2 月

Winter

冬

信州原本是一个没有积雪的地方，但此刻温度下降至零下 10～15℃的 GARDEN SOIL，一片银装素裹的景色，让人感觉仿佛置身于童话世界。

美丽群山围绕，白雪皑皑的 GARDEN SOIL。即使在花园空无一物的时节，仍然不时有人来访。

庭院·人
坦然相处的平静时刻

　　这是一个安静的季节。整个冬季几乎有一半的时间，花园都被雪覆盖着，所有植物都进入冬眠。在这期间，GARDEN SOIL 每天都会迎来数位访客，或来看看安静的花园，或购买杂货。但大多数的访客主要是来拜访田口先生和片冈女士的。

　　因此，在这期间，两人并不会闭园，每天都会来到 GARDEN SOIL，并且有许多事情要做。其中最重要的一项任务，便是清除积雪。在有积雪的日子里，要确保花园的主要道路通畅，并且为了防止盖有积雪的灌木树枝断裂，要将树枝上的积雪打落。此外，修补损坏的建筑物也是这个时期的一项任务。有时，田口先生和片冈女士会坐在室内，查看着种苗公司的种苗清单，制订春季后的计划，并订购种苗和材料。在闲暇之余，和前来拜访的友人一边喝着咖啡，一边聊着庭院，这种热闹的时刻，是十分愉快的。这也是一年之中，两人唯一可以喘口气的季节。

冬季的 GARDEN SOIL 庭院。从圣诞节左右开始降雪，随着日子转暖，雪会渐渐消融，然后又形成积雪，周而复始。据说平均一次的降雪量达 30cm 左右，量多时则达 90cm 左右。

标志树——金叶刺槐"弗里西亚"伫立在冬日的湛蓝天空下。这令人神清气爽的景色，任谁都会入迷良久。

左图 / 身披银装的花园器具，成为冬季庭院的一大美丽装饰。
右图 / 择冰雪融化之际，对西式凉亭、方尖塔等损坏的建筑物进行修缮。

左图 / 铲除园中主要道路上的积雪，以确保有足够的空间供一人通过。雪地上，时而可见野鸡拖着尾巴走过的痕迹。
右图 / 在大雪纷飞时，玩耍着制作的灶状雪屋。其间设有壁龛，燃着蜡烛，烘托了整体氛围。

左图 / 当火势变小的时候，便往取暖炉里添加新的柴火。同时，使用由竹林的竹子制成的吹火竹筒进行吹气，以增强火势。
右图 / 从10月末左右到来年4月底为止，挪威品牌（JØTUL）的烧柴取暖炉是不可或缺的。薪柴是从熟人那里置办的，存放在店铺的后面。

上左图 / 在特别寒冷的日子里，败酱（*Patrinia scabiosifolia*）那纤细的枯枝上满是雾凇。

中左图 / 乌黑的景天属植物的枯花，浮现在白雪之上，构成美丽对比。

下左图 / 冻得发白的刺芹属植物那圆乎乎的模样，简直就像小粒糖果一样。

上右图 / 结有蔷薇果的藤蔓覆盖着西式凉亭。红彤彤的果实鲜艳地散落在白雪之中。

中右图 / 状如砂糖点心般的起绒草。

下右图 / 秋牡丹（*Anemone hupehensis* var. *japonica*）那蓬松的茸毛，随着北风摇曳，总给人一种孤寂之感。

银光耀眼的白雪
与植物相协调

Winter

For Gardenning Life

受益匪浅的参考书

Books

据说有着都市品位的两人，在忙于建筑、室内设计行业时，便已经开始阅读一些书名中带有"土""森""植物""庭园"等字眼的书籍了。两人开始建造庭院的原因之一，也是因为接触了这些杰出的作品。这里便对其中一部分书籍进行简单介绍。

让我们的园艺生活更加有意义

『庭仕事の喜び』《庭院作业的喜悦》/ 黛安·阿克曼（Diane Ackerman）（河出书房新社）

本书描写了春夏秋冬中，在庭院这个小宇宙里，令人心满意足的日子，可以帮读者感知庭院设计中的奥秘。

『庭仕事の愉しみ』《庭院作业的乐趣》/ 赫尔曼·黑塞（Hermann Hesse）（草思社文库）

从本书可窥见热衷庭院作业，且爱挑剔的作者的身影。书中花卉的插图也十分可爱。

『自然農法 わら1本の革命』《自然农法 一根稻草的革命》/ 福冈正信（春秋社）

自然农法，指遵循自然界的法则，秉承"不耕地""无化学肥料""无农药""不除草"四大原则的农耕法。其中，"鼓励混植""泥团播种"等方法，令人受益匪浅。

『花の知恵』《花之智慧》/ 英里斯·梅特林克（Maurice Maeterlinck）（工作舍）

本书介绍了植物所具有的，那使人产生敬畏的"智慧"与不可思议的现象。阅读此书，可让人尊敬植物。

『園芸家12カ月』《园艺家的12个月》/ 卡雷尔·卡普克（Karel Capek）著（中央公论社）

本书通过有趣的文章和插图，对庭院作业的难题进行介绍说明，作者独特的视角十分有趣。

『あなたの愛する庭に』《在你爱的庭院里》/ 薇塔·萨克维尔·韦斯特（Vita Sackville-West）著（妇人生活社）

作者是西辛赫斯特城堡花园（Sissinghurst Castle Garden）的主要设计师。文中有许多庭院设计的创意，即使现在也十分适用。

『花のメルヘン』《花朵物语》/ 北垣笃著（八坂书房）

本书介绍了多种从远古神话或传说流传下来的，人类寄托于植物的情思。

『不思議な薬草箱』《不可思议的药草箱》/ 西村佑子著（山和溪谷社）

沿袭《魔女的药箱》，介绍欧洲的药草。通过此书，能够了解到所有药物皆是由植物提取而来的。

『蜜蜂職人』《蜜蜂工匠》/ 马克西斯·费明（Maxence Fermine）（角川书店）

现代法国文学寓言故事。文中描写了沉迷于黄金的青年养蜂人所遇见的风景，令人陶醉。

....

『Planting: A NEW PERSPECTIVE』《种植：一个新的视角》/ 皮埃尔·欧多夫（Piet Oudolf），诺埃尔·金斯伯里（Noel Kingsbury）著

关于一年四季中，如何让庭院变得更加美观的自然且独具艺术的种植方法，非常具有参考价值。

『COLOR by design』《色彩设计》/ 诺里（Nori），桑德拉·波普（Sandra Pope）著

通过本书，可学到植物之美，以及其组合之美。

『Landscapes in Landscapes』《风景中的风景》/ 皮埃尔·欧多夫（Piet Oudolf），诺埃尔·金斯伯里（Noel Kingsbury）著

在宽阔空间里，对植物进行"放养"的种植方法，让我深有感触。

『BEST BORDERS』《最佳边界》/ 托尼·罗德（Tony Lord）著

可深入了解英式庭院的传统种植的妙处。

『GARDENS：ILLUSTRATED』《花园：画报》

园艺杂志，紧跟世界庭院的趋势，能够感受现在、未来。

提升品位

For sence up

3—4月

Early Spring

早 春

冰雪消融之后，植物开始发芽，给庭院增添了一抹明亮的色彩。虽然冷空气尚未退去，但是植物那茁壮生长的模样，令人兴奋不已。

Early Spring

花鸟开始活动、令人心旷神怡的庭院

二月下旬至三月上旬，花坛里的植物和枯木开始发芽。动物们也开始活动，云雀在高空中热闹地啼鸣，仿佛在祝贺春天的到来。在耕过的花坛中，鸟儿们不停地啄着混在土中的植物种子及虫子。

春天，有许多植物在长出新叶之前便开花了，日本金缕梅（*Hamamelis japonica*）和少花蜡瓣花（*Corylopsis pauciflora*）等在新叶长满枝丫之前就陆续绽放了。虽然星花木兰（*Magnolia stellata*）开着粉色的花儿，但据说饿着肚子的鸟儿在花蕾期飞来，已经吃掉了大部分的花瓣。片冈女士说："我被鸟儿们的眼力吓了一跳。"

种植于圆齿水青冈（*Fagus crenata*）树篱北侧的铁筷子（*Helleborus*），是这个季节的一大看点。背景是白雪皑皑的群山，仿佛是来到了它的原产地——东欧。尽管并不华丽，但在 GARDEN SOIL 的四季景色中，这是首个值得一观的地方。

隔着园路相对而栽的圆锥绣球"格兰迪弗洛拉"（*Hydrangea paniculata* 'Grandiflora'），树姿令人印象深刻。其根部处生长着许多水仙的花叶，即将盛开的黄、白色的花朵，将会给风景带来无限活力。

右上图／已落叶的红瑞木（*Cornus alba*）。呈灌木状生长的橘色根茎，十分漂亮。

右中图／覆盖地面的常绿植物——小蔓长春花（*Vinca minor*）。带斑纹的叶与蓝色的花朵，使这个季节的庭院更加鲜艳明亮。

右下图／因寒冷而变红的常绿植物马丁大戟"黄金彩虹"（*Euphorbia martinii* 'Golden Rainbow'）。

通常作为植物景观背景的圆齿水青冈树篱，在这个落叶的季节，反而凸显出其存在感。因为剪去了下枝，所以树形显得十分整洁。我们在位于其下方的花坛一面种植了铁筷子，选种的多数是原种繁殖且清秀优美的品种。

上左图/在鸟澡盆旁呈环形生长的彩叶水芹"火烈鸟"（*Oenanthe javanica* 'Flamingo'）。它忍着寒冷，只残留着些许红叶。以糖芥属（*Erysimum*）和东北堇菜（*Viola mandshurica*）作为亮点，给周围增添了一丝色彩。

上右图/种植在月季园边上的重瓣樱花和放置在园中的灰色长椅，构成绝妙的组合。

下左图/沼生栎那明亮的叶色，在夕阳下耀眼夺目。

下右图/从连香树等植物的树丛中，开始冒出可爱的圆形树叶，形成美丽的草丛步道。

进入 4 月下旬，细叶大戟也会呈现出美丽的姿态，令人耳目一新。再配以郁金香或葡萄风信子的花色，更增添了华丽感。

和煦阳光中耀眼的
小精灵们

Early Spring

在早春时节的庭院中，花形如喇叭的水仙属植物是不可或缺的。其径种植后可存活数年，且因球根有毒，所以不会被老鼠啃食。

四月末，榅桲的花朵开始绽放。
那圆圆的、隐约带有粉色的花骨
朵，真是可爱无比。

GARDEN SOIL
花园地图
Garden Map

花园面积共4000m²，大致划分为11个区域。
各区域独具特色，情趣各异。

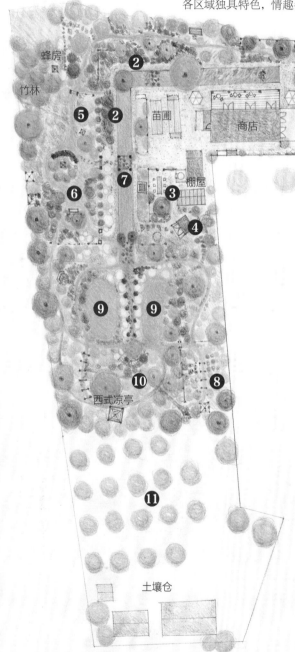

1. 前院周边
2. 色彩分明的花境花园
3. 户外厨房
4. 小屋
5. 遮阴花园
6. 月季园
7. 中央藤架
8. 菜园
9. 主花园
10. 草丛步道和西式凉亭
11. 苹果林

葡萄藤架

SOIL MAP

1 前院周边

参观花园时，首先映入眼帘的是木制大门。其左右两边，是由天然石头堆砌而成的花境花坛，里面则是一处小小的前院。作为背景的青绿色建筑物，将前院部分衬托得更为鲜明，提高了客人对花园的期待值。

石头堆砌的花境花坛

入口

前院

黄

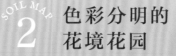

SOIL MAP 2 色彩分明的花境花园

从前院往里走，则是花境花园区域。从眼前开始，"黄""红""粉""蓝""白"这五种颜色为主题的花坛逐一排开，对面是"西班牙薰衣草（Lavandula stoechas）"和水边的草丛。可以欣赏共计7种花境。

红

水边的草丛

粉

西班牙薰衣草

蓝

白

SOIL MAP

3　户外厨房

此处设有田口先生打造的比萨窑，也是活动日时，众多访客尽情享用披萨的场所。缠满地锦的栅栏将此处围绕起来，同时紫荆枝叶覆盖其上，因此，在这里您可以不用顾忌旁人眼光，悠闲自在地休憩。这一户外空间，让人不由得想起油画中的一幕。

SOIL MAP

4　小屋

这是田口先生和友人一同修建的休憩小屋。这里位于庭院一角，因此，当您在庭院散步的过程中感到疲惫时，可以利用小屋中设有的桌椅休息。因为小屋后面的空间不易受寒风，所以将从友人处得来的不耐寒的茶香月季（Tea Rose）种植在此处。另外，还在小屋墙壁上方开设了一扇小窗，以便游客观赏花朵。

SOIL MAP

5　遮阴花园

因向往在英国所见的欧洲水青冈（*Fagus sylvatica*）树篱，所以在蓝色、白色的花境花园后面，并排种植了日本的圆齿水青冈。种植区域的北面正值背阴处，因此，在此处种植了无数的铁筷子和绣球花。这儿与其他区域有稍许不同，是一个充满祥和宁静氛围的空间。欧洲水青冈树叶渐黄时的美丽景色也别具一格。

SOIL MAP
6 月季园

花园里，种有许多古典月季和富有野趣的原种月季，另外还种有英国月季和中国月季（China Rose）。因为灌木丛生，并且只粗略打理，所以形成了独具野性的月季园。而园中的灰色长椅则成为一处焦点。

SOIL MAP
7 中央藤架

此处坐落于园路的交汇之处，与花境花园、店铺、月季园、主花园四处相连。设置于此处的灰色藤架，在广阔的空间中，将各个区域完美地连在一起。带有铁质装饰的藤架上，点缀着月季和当季的花草，成为一大看点。

SOIL MAP
8 菜园

与一般的菜园不同，此处将蔬菜、香草和草本花卉搭配种植，是可以欣赏美丽景观的空间。蔬菜选种了大量颜色、形状稀奇，或气味芳香的品种。其中，紫叶卷心菜和羽衣甘蓝的暗色调引人注目。据说员工在用午餐的同时，还会品尝一番收获的蔬菜。

SOIL MAP
9　主花园

如同自装饰的方尖塔上倾泻而下般地伸展着藤蔓的月季"桃乐西·帕金斯"，以及将枝条伸至园路的圆锥绣球"格兰迪弗洛拉"，是此处最大的亮点。此外，绿油油的草坪、如同草原般开满缤纷花草的花坛，以及富于变化的组合，在每个季节都呈现出值得一观的风景。

SOIL MAP
10　草丛步道和西式凉亭

在花园最深处，各种各样的草叶随风摇曳，是氛围最为梦幻的区域。穿过缠绕着月季的拱门隧道，高大挺秀的沼生栎和木制西式凉亭便映入眼帘，可在此尽情欣赏怀旧风景。秋季红叶时，这里是最美的地方。

SOIL MAP
11　苹果林

隔壁是苹果林。春季盛开的淡粉色花朵、秋季结出的鲜红果实等可爱景象，皆是花园的借景。另外，贮藏苹果的小仓库也被用作GARDEN SOIL 的陈列室。

花园的 28 个妙思

在宽广的花园里，有众多吸引游客眼球、具有魅力的景象。
让人不觉厌倦的装置随处可见。我们将逐项介绍可效仿的绝佳之处，
请将其作为庭院设计的参考。

装饰

装饰是天然植物景观的亮点，可以增添可
爱与趣味之感。秘诀是使其与周围景色融
为一体、若隐若现。

01

在婚草属植物生长茂盛的
台阶旁，放置一个茶色的
烟囱花盆。并在其周围配
以根部带斑纹的蔓长春花
（ *Vinca major* ），形成对比。

02 在环绕于星花木兰树周边的帚石南（ *Calluna vulgaris* ）后方，放置赤陶做的鸟澡盆。因位于树荫下，所以鸟儿能自由自在地嬉戏。

04

草地区域中，将高
低不齐、大小不一
的混凝土水斗重叠
起来，用于盛水、
培养水生植物。并
用蛙状装饰物加以
点缀，增加幽默感。

03

在前院花坛中，放置鸟澡盆，作为
焦点景观。为了防止遮挡住里面的
景观，要选用低矮的鸟澡盆。

06

在主花园的植物景观中，插入细长的铁镐，将其作为一大亮点。当您发现落在顶端的小鸟时，便会顿觉惊喜。

05

在标志树——在金叶刺槐的枝丫上，悬挂一个喂鸟器作为装饰。这萧瑟感将给景色增添一丝韵味。

07

在山桃草丛生处，配置高低不一的烛架。也可将其作为盛苹果的容器，或是喂食鸟儿的器皿。

09

在草地区域插入带有风铃的铁镐。圆形的线条十分优美。因为其整体纤细，所以并不显得突兀。

08

自制的彩绘玻璃装饰，透过日光，熠熠生辉，给空间带来一分透明感。冬日映照在雪地上的光影也十分美丽。

靠椅与长椅

靠椅和长椅，既可用作休憩，又可作为景色的一大亮点。这些靠椅和长椅，可使人感觉到烟火气息，因此，常会给场景增添一丝温馨感。

10 在交错的树丛阴影下，放置一把孤零零的古旧靠椅。将靠椅放置不理，那如同被遗忘了般的氛围，牵引着人们的乡愁。

11 黑色靠椅在每个季节的放置场所都不相同。因为有厚重感，所以无论放置在何处，都能展现出其自身的存在感。

12 并不过分突兀的青铜色长椅，更容易与植物融合。发芽的老鹳草属（*Geranium*）植物，从花坛中探出头来，静静点缀着长椅周围。

13 为了不影响那些朴素花朵的美观，选用一把生锈的靠椅，以略微点缀金叶刺槐树的根部。

方尖塔

方尖塔既可用于缠绕藤蔓植物，也可用作装饰。为了衬托植物景观，许多方尖塔都是原创设计的。

14

在遮阴花园的树丛中，配上木制的方尖塔加以装饰。颜色雅致的漆，在祥和宁静的空间中显得十分和谐。

15

在开满粉色花朵的花坛中，放置一架涂有黑色漆的方尖塔。从视觉上，达到将略甜美、松散的粉色植物景观收紧的效果。

17

将月季"桃乐西·帕金斯"缠绕至希腊风格的大型柱状方尖塔之上，打造出一幕雅致场景。

18

将用柳枝编制的方尖塔，放置于菜园中，打造出质朴的可爱景象。再将豌豆缠绕其上。

16

将纤细的四棱锥方尖塔，设计为无边缘花坛的一处焦点景观。黑色使整个场景看上去更为的深沉。

木制单品

木制的栅栏、拱门与天然的植物景观搭配在一起十分协调。只需稍加设计，就能打造出既悠闲又具时尚感的景象。

19

将小屋前的栅栏上部，设计为弧形，增添趣味。像门扇般的小型栅栏，使空间更有立体感。

20

在草坪中的花坛里，种植着由野趣十足的野鸟所带来的花种生长而成的月季，而在花坛边缘处，使用干净无垢的木板进行围绕，更能烘托出其质朴魅力。

21

在园路两侧设置栅栏，用来转换场景。只需在柱子的顶部加以修饰，便可骤然提高场景的整体氛围。

22

菜园入口处的拱门，是用方木料和修剪过的树枝组合而成的，显得十分休闲俏皮。

23

菜园的朴素栅栏，是用细窄木板粗略制成的。田园诗般的景象，无处不使人怀乡。

石板路

使用高出地面的石头，以及用于建筑地基的廉价石头，打造出富有野趣的风景。

25 将英国景观石材作为花坛的路缘石进行堆砌，打造出类似于英国科茨沃尔德地区庭院般的景致，呈现出温馨、充满手工感的一幕。

24 园路上铺着大小不一的天然石头，两旁种植着圆锥绣球"格兰迪弗洛拉"。这条独具风味的小道，引人入胜。

26 植物之间的小路上，铺满了规格不一的铁平石，构成一幅宛如涓涓细流般的景象。却又隐约透出一种粗犷、狂野之感。

27 从小屋旁延伸至香草园的楼梯上，随意地铺满了大大小小的石块，打造出丝毫不会令人腻烦、自然风味十足的景观。

28 将地基石堆砌在主花园和草坪步道的边界上，构成一幅强有力的风景。并在上方预留出可种植植物的空间。

田口勇和片冈邦子

因为这里之前是废弃的耕地，所以全被杂草覆盖着。除草之后，用挖掘机去除土里的岩石，并修整倾斜的土地。因为是在自家土地范围内，所以这一系列工作都是由两人亲自操纵机器完成的。

充实人生的美丽花园

　　日本长野县的须坂市，与远处的日本阿尔卑斯山脉相邻，苹果、葡萄等水果种植面积广。从 2000 年起，曾经从事室内装修设计师的田口先生和片冈女士，便开始利用这片土地来进行庭院设计。

　　田口先生和片冈女士从事建筑行业时，正值泡沫经济时期。那个时代，以店铺设计为主，一坪（1 坪约等于 3.306m²）可达到 100 万日元（约等于现在的 6.345 万元人民币）以上的室内装修，在短短几年间就会被拆除，然后反复翻新。田口先生和片冈女士虽在泡沫经济中有所收益，但是对于陷入消费热潮、只顾一时行乐的社会，两人都感到不适应。逐渐地，两人开始认为："人也是自然的一部分，要进行劳作，与自然和谐相处。"于是，两人想着："趁着才 50 来岁，还有体力，选一块地来设计庭院吧。"基于这一决心，两人离开东京，移居至须坂市，开始了庭院设计生涯。

田口先生和帮忙打理
花坛边缘石的友人们。
左边是田口先生。

Garden Soil's Story

田口先生设计的商店兼办
公楼竣工。建筑物墙壁的
颜色选用青绿色系，易与
环境融为一体。

　　最初，他们是以英式庭院为模板来进行设计的，但随着建筑界
的都市风逐渐盛行，涌现出了一批与英式花园截然不同的、独具创
意的花园。田口先生与片冈女士想要设计的花园，是适合日本长野
县风土的"有香气的野生花园"。野生，是指不加人为修饰，呈现
出宛如自然生长般的趋势，每年都变化无穷的庭院。在养护植物的
同时，对植物进行管理，凸显出植物本身的美。另外，香气是指给
五官带来刺激的景象。例如，"突然映入眼帘、令人惊讶的配色""空
气中飘荡的香甜气味""清风吹拂的空气感""蜜蜂振翅的嗡嗡声"
等。这些不强加干预的自然景观，便是该花园令人舒适的根源所在。

经过一年的庭院设计，两人建成了
主花园的基础框架。面向在尽头设
置的圆形石板地，缩窄园路，利用
远近法进行设计。

庭院大致完工，片冈
女士正在绘制小册子
所需的花园图纸。

Garden Soil's Story

　　田口先生和片冈女士说，自从建造庭院以来，他们就改变了衡量时间的方法。植物从幼苗开始生长，直到成为庭院风景中的一部分，需要 3~5 年的时间。若是树木的话，则需要更长时间。据说在与植物生长周期打交道的过程中，两人也逐渐开始使用长远的目光来思考事物。片冈女士说："种子发芽、生长开花、结出种子、繁衍后代、最终走向枯萎——能看清植物一生的周期，是庭院设计的妙趣。虽然和植物的生活步调不同，但人类也是"大地之子"，是地球的一部分。这样一想，对于死亡的理解，也会逐渐变为：我们和植物一样，最终是要回归自然的啊。"

　　50 岁左右开始建造的庭院，成了他们进一步升华人生观的媒介。在植物生存方式的感染下，两人与庭院相伴而生的日子还将继续。

从哲学意义上来说，玩赏植物，也是一种学习。

点缀 GARDEN SOIL（花园净土）的植物图鉴 CATALOG

Garden Soil
Showy Plants
Catalog

[有关植物图鉴的内容]

● 本书中的植物栽培管理，以日本关东地区以西（相当于我国长江流域）的平地为标准。

● Garden Soil 花园中，有些植物的开花期，会比植物图鉴中所标记的日期晚一个月。

草本花卉

红、橙

17例

须苞石竹 "烟熏黑"
（ *Dianthus barbatus* 'Sooty' ）

石竹科　　宿根草⊖
花期 4—6 月　株高约 40 ㎝

高雅的褐色花朵是一大亮点。具有耐寒、耐暑等特性，适合种植于通风良好处。

矮花郁金香 "波斯珍珠"
（ *Tulipa humilis* 'Persian Pearl' ）

百合科　　秋植球根植物
花期 3—4 月　株高约 10 ㎝

紫红色的花瓣带来强大的视觉效果。可爱的野生系郁金香属植物。即使数年不打理，仍可开出美丽的花朵。

阿兰茨落新妇 "狂热"
（ *Astilbe × arendsii* 'Fanal' ）

虎耳草科　宿根草
花期 5—6 月　株高约 60 ㎝

此品种的特征是叶边呈齿形，花瓣松软，深红色的花朵密生。

距缬草
（ *Centranthus ruber* ）

忍冬科　　宿根草
花期 5—8 月　株高 50~80 ㎝

别名红鹿子草。花红色，小而繁，呈伞房状绽放。有白色变异，不适宜在高温多湿地带种植。

天人菊属
（ *Gaillardia* ）

菊科　　宿根草
花期 6—10 月　株高 30~90 ㎝

图为宿根天人菊（ *Gaillardia aristata* ），其花瓣顶端为黄色、内侧为红色，生长旺盛。另外，也有重瓣品种（为一年生草本植物）。

绒樱菊 "猩红魔法"
（ *Emilia coccinea* 'Scarlet Magic' ）

菊科　　一年生草本植物
花期 6—9 月　株高 25~50 ㎝

在细长花茎的顶端，盛开橘红色穗状小花。不喜潮热，花性强健，自然落种可繁衍。

尾穗苋 "塔"
（ *Amaranthus caudatus* 'Tower' ）

苋科　　一年生草本植物
花期 7—10 月　株高 60~100 ㎝

属于尾穗苋的一种园艺品种，耐暑性强。随着植物的生长，直立的花序会逐渐低垂。忌多肥。

蜀葵 "蔡特鲑鱼粉"
（ *Alcearosea* 'Chater's salmon pink' ）

锦葵科　　一年生草本或宿根草
花期 6—8 月　株高约 200cm

修长苗条的花序上，开满了分量感十足的重瓣花。此品种也有其他色系。

⊖ 一般为多年生草本植物。

百日草"古典"
（ *Zinnia 'Old fashion'* ）

菊科　　一年生草本植物
花期 4—10 月　株高约 40cm

花色为富有古典韵味的双拼色。生机勃勃、花朵接连绽放。可抵御夏季高温。

抱茎蓼"火尾"
（ *Polygonum amplexicaule 'Firetail'* ）

蓼科　　宿根草
花期 6—10 月　株高 90~120cm

高举红色穗状花序，花姿极具野趣。忌干燥，宜种植于湿润地带。

美国薄荷
（ *Monarda didyma* ）

唇形科　　宿根草
花期 7—10 月　株高 60~100cm

花色多样，如红、白、粉、浅紫等色。生命力强，宜种植于通风良好处。

萱草属
（ *Hemerocallis* ）

百合科　　宿根草
花期 5—8 月　株高 30~150cm

其花色多为橙色、黄色，也有红、粉、紫红等颜色品种。生命力顽强，一株多开。

大丽花"黑蝶"
（ *Dahlia 'kokutyou'* ）

菊科　　春植球根植物
花期 6—10 月　株高 100~180cm

花瓣向外侧反翘，呈仙人掌花型。花朵直径为 15cm 左右，属于大花型品种。在日本长野地区，晚秋时节会将其球根挖出，进行保存。

黑心菊"樱桃白兰地"
（ *Rudbeckia 'Cherry Brandy'* ）

菊科　　宿根草
花期 7—10 月　株高 50~60cm

花色为复古红色，每朵花中间的褐色区域形状各不相同。生命力强，不耐高温多湿。

紫松果菊"热木瓜"
（ *Echinacea purpurea 'Hot Papaya'* ）

菊科　　宿根草
花期 6—8 月　株高约 70cm

重瓣品种。花色由初盛开时的明亮橘色，逐渐变化为红色。生命力强，花量多。

大丽花"日冕"
（ *Dahlia 'korona'* ）

菊科　　春植球根植物
花期 6—10 月　株高 80~120cm

花色为柔和的橙色，属中花型品种。既可作为花坛花卉栽植，亦可用作插花。株高略高。

红花钓钟柳亚种
（ *Penstemon barbatus* subsp. *coccineus* ）

玄参科　　宿根草
花期 6—7 月　株高约 150cm

从根部开始分枝，长长的花茎上绽放着小红花。花期过后修剪枯萎的花朵，可使花朵再次开放。不耐高温多湿。

Garden Soil
Showy Plants
Catalog

草本花卉
粉

53例

杂交铁筷子
(*Helleborus hybrid*)

毛茛科　宿根草
花期 1—4 月　株高约 50cm

花姿低垂，花形可爱，花色多样。常绿植物，夏季宜种植于半阴处。

雪光花 "粉巨人"
(*Scilla forbesii* 'Pink Giant')

天门冬科　秋植球根植物
花期 3—4 月　株高 10~15cm

花瓣为粉色，花心渐白。为星状小花，因此群植更显美观。可存活数年。

长茎百里香
(*Thymus longicaulis*)

唇形科　常绿灌木植物
花期 5—6 月　株高约 10cm

为匍匐生长的铺地百里香。无数粉色小花簇生。忌高温多湿，耐寒性强，喜干燥。

剑桥老鹳草 "比奥科沃"
(*Geranium cantabrigiense* 'Biokovo')

牻牛儿苗科　宿根草
花期 5—7 月　株高 20~30cm

粉色小花依次绽放，如地被植物般茂密生长。比较耐高温多湿环境。

孔雀银莲花
(*Anemone hortensis*)

毛茛科　秋植球根植物
花期 3—4 月　株高约 20cm

花朵直径为 4cm 左右，属小型的原变种系品种。花色浓淡不一，有粉、白、红、浅紫等颜色。

美丽月见草
(*Oenothera speciosa*)

柳叶菜科　宿根草
花期 5—7 月　株高约 40cm

粉色小花逐次绽放。生命力强，自然落种繁殖。喜较干燥环境。

血红老鹳草
(*Geranium sanguineum*)

牻牛儿苗科　宿根草
花期 4—6 月　株高 30~50cm

耐暑性、耐寒性强，属健壮的原变种老鹳草。当草势凌乱时，可进行一次修剪。

聚合草
(*Symphytum officinale*)

紫草科　宿根草
花期 6—8 月　株高 30~100cm

铃状花形，花色为粉、白、紫等色。茎叶生有绒毛。喜有机物质丰富且具有保湿性的土壤。

072

布谷鸟剪秋罗
（ *Silene flos-cuculi* ）

石竹科　宿根草
花期 4—7 月　株高 30~70cm

粉色花朵有着纤细的分叉。单瓣开花或
重瓣开花，也有白花品种。耐暑性、耐
寒性强，忌高温多湿环境。

厚叶天蓝绣球"比尔·贝克"
（ *Phlox carolina* 'Bill Baker' ）

花葱科　宿根草
花期 3—6 月　株高约 40cm

细小花茎上，花朵丛生。生命力强，可
利用自然落种或地下茎进行繁殖。群植
更为美观。

巨根老鹳草
（ *Geranium macrorrhizum* ）

牻牛儿苗科　宿根草
花期 5—6 月　株高约 40cm

原种，花色为粉色，花量多。生命力强，
生长旺盛，也可作地被植物。常绿植物，
秋季叶片变成红色，十分美丽。

大花葱"粉色珠宝"
（ *Allium nigrum* 'Pink Jewel' ）

葱科　秋植球根植物
花期 5—6 月　株高 50~70cm

花序直径约 7cm，由粉色小花构成。生
命力强，耐寒性强，属中型强壮品种。
可存活数年。

异株蝇子草
（ *Silene dioica* ）

石竹科　宿根草
花期 3—5 月　株高 40~60cm

英文名红坎皮恩（ Red campion ）。细
长枝干分枝良好，质朴的小花逐次绽放。
生命力强，自然落种可繁殖。

波斯葱
（ *Allium cristophii* ）

葱科　秋植球根植物
花期 5—6 月　株高约 40cm

花朵直径约 20cm，带有金属光泽的紫色
花朵构成一个球形。若避免高温多湿环
境，则可存活数年。

斑点蝇子草
（ *Silene gallica* var. *Quinquevulnera* ）

石竹科　宿根草
花期 5—6 月　株高约 30cm

白红相间的小花丛生，花姿虽质朴，却
又引人注目。喜干燥，自然落种可繁殖。

糙苏
（ *Phlomis tubelosa* ）

唇形科　宿根草
花期 5—7 月　株高约 120cm

笔直延伸的褐色花茎上，粉色花朵呈段
状分布。花期过后，其枯萎的花姿也独
具魅力。忌高温多湿环境。

锦葵状稔葵"罗萨娜"
（ *Sidalcea malviflora* 'Rossana' ）

锦葵科　宿根草
花期 7—9 月　株高约 100cm

花朵直径约 3cm，深粉色花朵簇生。不
耐高温多湿环境，喜阴凉地带。需注意
排水及通风。

穗花"童话"
（ *Pseudolysimachion spicatum* 'Fairy Tale' ）

玄参科　宿根草
花期 5—6 月　株高 30~40cm

高举优雅的粉色花序，可反复绽放，花
势良好。其优点是不易被风吹倒。注意
避免潮热环境即易培养。

南欧丹参
（ *Salvia sclarea* ）

唇形科　宿根草
花期 5—6 月　株高约 120cm

分枝良好，花色淡蓝。染上粉色的花萼
也十分美观。自然落种可繁殖。不耐
暑热。

芍药
（ *Paeonia lactiflora* ）

毛茛科　宿根草
花期 5—6 月　株高约 90cm

花朵娇艳，引人注目。花色、花形富于
变化。喜有机物质丰富的土壤，忌干燥。

铁线莲"里昂村庄"
（ *Clematis* 'Ville de Lyon' ）

毛茛科　蔓性宿根草
花期 5—10 月　株高 250~300cm

具有反季节开花性，生命力强。花色紫
红，花朵直径为 10cm 左右。

紫斑风铃草
（ *Campanula punctata* ）

桔梗科　宿根草
花期 5—7 月　株高 50~70cm

形似吊钟，花色为白色、粉色，极具野
趣。园艺品种中也有蓝花品种。地下根
茎可繁殖。

冠萼扁果葵"糖果杯"
（ *Anoda cristata* 'Candy Cups' ）

锦葵科
宿根草（寒冷地带为一年生草本植物）
花期 6—12 月　株高 60~120cm

花朵直径为 4cm 左右，可爱的粉色小花
逐次绽放，呈灌木状茂密生长。春季播种。

琉璃菊
（ *Stokesia laevis* ）

菊科　宿根草
花期 6—7 月　株高 30~60cm

花色多为粉、白、蓝、紫等色。生命力强，
分枝多，花朵直径为 6~8cm，花量充足。

彩苞鼠尾草
（ *Salvia viridis* ）

唇形科　一年生草本植物
花期 5—7 月　株高 30~60cm

小型花朵，花色为粉、白、蓝紫等色，
苞片颜色鲜艳。秋季播种。

钓钟柳
（ *Penstemon smallii* ）

车前科　宿根草
花期 5—6 月　株高约 60cm

整株纤细苗条，但在笔直伸展的花茎上，
花朵簇生，也是一大亮点。生命力强，
易培育。

药水苏
（ *Betonica officinalis* ）

唇形科　宿根草
花期 7—8 月　株高约 40cm

穗状花序的香草，花色为明亮的粉色，植株呈席状蔓延。别名欧水苏、主教草。生命力强，忌多湿环境。

克拉花属
（ *Clarkia* ）

柳叶菜科　秋植一年生草本植物
花期 4—5 月　株高 70~80cm

花色为白、粉、红等色，数株一同栽植更为美观。较耐寒，忌过度湿润的环境。

海滨沼葵
（ *Kosteletzkya virginica* ）

锦葵科　宿根草
花期 7—10 月　株高约 100cm

花朵盛开在分成若干枝的细长花茎的前端，花朵直径为 4cm 左右，形似木槿花，花色为粉色。

田野孀草
（ *Knautia arvensis* ）

忍冬科　宿根草
花期 5—8 月　株高 50~60cm

粉色花朵绽放在细长花径前端。与日本蓝盆花（ *Scabiosa japonica* ）相比，更具有耐暑性，生命力强，自然落种可繁殖。

千日红 "烟火"
（ *Gomphrena globosa* 'Fireworks' ）

苋科　宿根草
花期 7—11 月　株高 30~60cm

分枝良好，横向延伸形成大株，花量多。略具耐寒性，可在寒冷地区之外过冬。

锦葵
（ *Malva cathayensis* ）

锦葵科　宿根草
花期 5—7 月　株高 60~180cm

花朵带有透明感。在宿根草本植物中属于存活时间较短的品种，但是具有耐寒性及耐暑性，易培育。自然落种可繁殖。

艳丽漏斗鸢尾
（ *Dierama pulcherrimum* ）

鸢尾科　宿根草
花期 6—7 月　株高 100~150cm

花色为粉、紫、白等色。常绿性植物，具有装饰、观赏效果，因此适合露天种植。

天蓝绣球
（ *Phlox paniculata* ）

花荵科　宿根草
花期 6—9 月　株高 80~120cm

群植十分美观。花色为白、蓝色系或者混色。生命力强，修剪花茎后可再次开花。

中欧孀草
（ *Knautia macedonica* ）

忍冬科　宿根草
花期 6—9 月　株高约 90cm

反复开花，花色为深紫红色。花期过后进行修剪，再开花时花朵会更加紧凑，花量也随之增加。自然落种可繁殖。

西洋蓍草
（ *Achillea millefolium* ）

菊科　宿根草
花期 5—8 月　株高 50~100cm

叶为锯齿状，花色为白、红、粉、黄等
色。生命力强，略呈横向蔓延生长。

肥皂草
（ *Saponaria officinalis* ）

石竹科　宿根草
花期 6—9 月　株高 50~90cm

花色淡粉，在园艺品种中，也有花色为
深粉、白、红等色和重瓣开花的品种。
生命力强，地下根茎发达。

橘香薄荷
（ *Monarda citriodora* ）

唇形科　宿根草
花期 6—9 月　株高 50~70cm

花色深紫，枝叶带有柔和的柠檬香气。
不宜高温多湿环境种植，盛夏时宜在半
阴处养护。

起绒草
（ *Dipsacus fullonum* ）

川续断科　二年生草本植物
花期 6—8 月　株高约 200cm

头状花序呈刷状，生于细长花茎前端，
开粉色小花。自然落种可繁殖。

岷江百合 "粉色完美"
（ *Lilium regale* 'Pink Perfection' ）

百合科　春植球根植物
花期 6—7 月　株高 100~120cm

花大，呈喇叭状，花色深粉，中部为白
色。具有多花性。耐半阴，生命力强。

蜀葵
（ *Alcea rosea* ）

锦葵科　一年生草本植物或宿根草
花期 6—8 月　株高约 200cm

花序挺直，其上绽放着飘逸的花朵，极
具存在感，吸人眼球。除粉色花品种外，
还有其他花色的品种，色彩丰富多变。

蛇鞭菊
（ *Liatris spicata* ）

菊科　宿根草
花期 6—9 月　株高 60~180cm

长穗状花序，花色紫红或白色。耐寒性、
耐暑性强，生命力强，不宜高温多湿环
境种植。

斑鸠菊
（ *Vernonia arkansana* ）

菊科　宿根草
花期 8—11 月　株高 150~200cm

花色为深紫粉色，花朵能绽放至秋季。
初夏时进行修剪后，会在低处盛开。
花期过后，进行修剪，可再次开花。

紫松果菊
（ *Echinacea purpurea* ）

菊科　宿根草
花期 6—8 月　株高 70cm

花形独特，中部突出呈球形。质朴的姿
态独具魅力。若在适宜的环境中，可自
然落种繁殖。

青葙
（ *Celosia argentea* ）

苋科　春季播种一年生草本植物
花期 5—11 月　株高约 100cm

穗状花序，其上花多，密生。耐高温、干燥，生命力强。种子属光敏感种子，不需要覆土。

柳叶马鞭草
（ *Verbena bonariensis* ）

马鞭草科　宿根草
花期 7—9 月　株高 70~150cm

生命力强，自然落种可繁殖，呈野生状地成群生长。花蜜易吸引蝴蝶。

斑茎泽兰 "红枫"
（ *Eupatorium maculatum* 'Atropurpureum' ）

菊科　宿根草
花期 8—9 月　株高约 200cm

粉色花朵绽放在红紫色花茎的前端。耐寒性强，喜略潮湿环境。

美国薄荷
（ *Monarda didyma* ）

唇形科　宿根草
花期 7—10 月　株高 60~100cm

因花姿特点，其日语名称为松明花。花色多样，群植十分美观。生命力强，宜在通风良好处进行培育管理。

大丽花 "华盖"
（ *Dahlia* 'Marquee' ）

菊科　宿根草
花期 6—11 月　株高约 90cm

小型花，单瓣开放，朴素的原种系品种。属单瓣仙人掌型大丽花品种。晚秋时节可将其挖出，加以保存。

秋牡丹
（ *Anemone hupehensis* var. *japonica* ）

毛茛科　宿根草
花期 9—11 月　株高 30~150cm

花色为粉色或白色。也有重瓣品种。具有耐寒性、耐暑性，根部粗壮，花茎笔直生长。

秋水仙
（ *Colchicum autumnale* ）

秋水仙科　春植球根植物
花期 9 月中旬至 10 月　株高 5~30cm

夏季休眠，秋季开粉色花朵，花期后长叶。有白花品种。可任其生长，不需管护。全株有毒。

玫瑰叶鼠尾草
（ *Salvia involucrata* ）

唇形科　宿根草
花期 8—11 月　株高约 150cm

球状花蕾，当苞片脱落时，便会绽放出深粉色花朵。生长快，但耐寒性较弱。

佩兰 "粉红霜"
（ *Eupatorium fortunei* 'Pink Frost' ）

菊科　宿根草
花期 6—8 月　株高约 100cm

开沉稳内敛的粉色花朵，属于带斑纹的佩兰（ *Eupatorium fortunei* ）。其斑纹永不褪色。生命力强，易培育。

草本花卉

蓝、紫

35例

春番红花 "匹克威克"
(*Crocus vernus* 'Pickwick')

鸢尾科　秋植球根植物
花期 3—4 月　株高 5~10cm

其白底花瓣上嵌有紫色细纹，十分美丽。种植后可存活数年，自然形成的新球茎可繁殖。

雪光花
(*Chionodoxa*)

天门冬科　秋植球根植物
花期 2—4 月　株高 10~15cm

花朵具有闪闪发光的透明感。即使种植后不加打理，每年花朵的长势仍旧良好，群植更加美观。

车轴草
(*Galium odorata*)

茜草科　秋季播种一年生草本植物
花期 5—7 月　株高约 30cm

别名香车叶草。纤细柔弱的花茎上，细小的蓝紫色花朵密生。忌潮热。

肺草 "蓝色徽章"
(*Pulmonaria angustifolia* 'Blue Ensign')

紫草科　宿根草
花期 3—4 月　株高约 30cm

属于花朵较大的品种，花色为鲜明的蓝色，花量多。叶深绿色，无斑纹。

匍匐筋骨草
(*Ajuga reptans*)

唇形科　宿根草
花期 4—5 月　株高约 20cm

花序上蓝紫色或粉色的小花密生。匍匐枝茂密，爬地蔓延，宜作为地被植物。

矢车菊
(*Centaurea cyanus*)

菊科　秋季播种一年生草本植物
花期 4—5 月　株高 50~100cm

花色为蓝、粉、紫、白等色。随风摇曳的花姿朴素且独具魅力。自然落种可翌年开花。

老鹳草 "布鲁克赛德"
(*Geranium* 'Brookside')

牻牛儿苗科　宿根草
花期 5—6 月　株高约 60cm

其为草地老鹳草（ *Geranium pratense* ）与老鹳草（ *Geranium clarkei* ）的杂交品种。花朵直径为 4cm 左右，花色为蓝色，花朵筋脉略略带红色。发育较早。

婆婆纳 "牛津蓝"
(*Veronica peduncularis* 'Oxford Blue')

玄参科　宿根草
花期 4—6 月　株高 10~20cm

蓝紫色的花朵覆盖住植株，叶片带青铜色，天气寒冷时叶色会加深。生长繁茂。

俄勒冈糠百合
（ *Camassia cusickii* ）

天门冬科　秋植球根植物
花期 4—5 月　株高 50~80cm

长长挺直的花茎上，盛开着 30~50 朵小花。生命力强，易培育。也有白花品种。

婆婆纳"蓝色喷泉"
（ *Veronica* 'Blue Fountain' ）

玄参科　宿根草
花期 5—6 月　株高约 40cm

众多花序上扬，呈圆顶状盛开，开蓝色花。具有耐寒性、耐暑性，生命力强，易培育。

牛舌草"德普莫尔"
（ *Anchusa azurea* 'Dropmore' ）

紫草科　二年生草本植物
花期 5—6 月　株高约 150cm

开小花，花色为明亮的蓝色。不耐高温多湿，适合在通风良好处培育。自然落种可繁殖。

铁线莲"紫星"
（ *Clematis viticella* 'Etoile Violette' ）

毛茛科　宿根草
花期 6—10 月　株高 200~300cm

花朵直径约 8cm，花色深紫，十分美观。四季开花性强，花期结束后，通过修剪、施肥，可反复开花。

西尔加香科科
（ *Teucrium hircanicum* ）

唇形科　宿根草
花期 7—8 月　株高约 50cm

花序接连抬头，紫红色花朵绽放其上，花期长。生命力顽强，易培育。

暗色老鹳草
（ *Geranium phaeum* ）

牻牛儿苗科　宿根草
花期 5—7 月　株高 60~70cm

别名黑花风露。花色黑紫，花朵直径为 2cm 左右，凹陷的叶上有红紫色的斑纹。宜种植在通风良好处。

夏枯草
（ *Prunella vulgaris* ）

唇形科　宿根草
花期 5—7 月　株高 15~30cm

花茎直立，紫色花序。爬地蔓延，因此也可作为地被植物培育。

紫花荆芥"六座大山"
（ *Nepeta* × *faassenii* cv. 'Six Hills Giant' ）

唇形科　宿根草
花期 4—10 月　株高约 90cm

蓝色小花，细长的花茎显得十分清爽。花期过后，通过修剪，可反复绽放。

高山楼斗菜
（ *Aquilegia alpina* ）

毛茛科　宿根草
花期 5—6 月　株高 40~50cm

花朵略大，花色为雅致的蓝色。虽是高山性植物，但生命力强，自然落种可繁殖。

菊苣
(*Cichorium intybus*)

菊科　宿根草
花期 5—6 月　株高 100~150cm

开淡蓝色花朵的香草。花茎杂乱，分枝挺立。夏季忌高温多湿。

北疆风铃草
(*Campanula glomerata*)

桔梗科　宿根草
花期 5—7 月　株高约 60cm

开蓝紫色花，似龙胆（ *Gentiana* ）。由地下根茎萌发新芽，进行繁殖。不宜在高温多湿地带进行培植。

扁叶刺芹
(*Eryngium planum*)

伞形科　宿根草
花期 6—8 月　株高 60~90cm

头状花序，花朵带金属光泽。周围有苞片，带有刺毛，喜冷凉处。也有白花品种。

穗花
(*Pseudolysimachion spicatum*)

玄参科　宿根草
花期 6—9 月　株高约 30cm

蓝色或白色花朵密生。分枝良好，呈匍匐状蔓延生长，因此可作为地被植物。

大花钓钟柳
(*Penstemon grandiflorus*)

玄参科　宿根草
花期 5—6 月　株高约 100cm

原种，明亮的紫色花朵与带银色的叶相辉映，色调十分美观。生命力强，不喜高温多湿环境。

宽钟风铃草
(*Campanula trachelium*)

桔梗科　宿根草
花期 5 月　株高约 100cm

花朵较小，花朵直径为 3cm 左右，形如吊钟，茎直立。需注意夏季的高温多湿环境。

天蓝花
(*Salvia azurea*)

唇形科　宿根草
花期 9—10 月　株高约 100cm

花色为澄澈的淡蓝色。花茎细，当植株变高时易倒下，春季进行一次修剪会有所改善。

铜锤玉带草
(*Lobelia nummularia*)

桔梗科　宿根草
花期 4—6 月、9—11 月　株高约 5cm

别名扣子草。植株呈席状蔓延，扇形小花密生，花为白色。注意高温多湿环境。

桃叶风铃草
(*Campanula persicifolia*)

桔梗科　宿根草
花期 5—6 月　株高约 100cm

别名桃叶桔梗。花茎笔直生长，开杯状花朵。在温暖地带培育要注意夏季潮热天气。

草地鼠尾草
(*Salvia pratensis*)

唇形科　宿根草
花期 6—11 月　株高 50~80cm

花朵独特，花色为蓝、紫、粉或白，长势稍显凌乱。生命力强，花期过后，通过修剪，可再次开花。

破坏草
(*Eupatorium coelestinum*)

菊科　宿根草
花期 7—10 月　株高约 50cm

别名蓝色佩兰。花势良好，长势富有野趣。具有耐寒性、耐暑性，生命力强，通过地下根茎繁殖。

格罗索薰衣草
(*Lavand in Grosso*)

唇形科　常绿灌木
花期 7—8 月　株高 50~90cm

植株紧凑地生长。不耐高温多湿环境，因此在梅雨季节前，修剪为原植株高度的一半为宜。

多穗马鞭草"蓝色尖塔"
(*Verbena hastata* 'Blue Spires')

马鞭草科　宿根草
花期 5—9 月　株高约 120cm

蓝色小花由下向上逐次绽放。花期过后，通过修剪可再次开花，可持续盛开至晚秋。自然落种可繁殖。

裂檐花状风铃草
(*Campanula rapunculoides*)

桔梗科　宿根草
花期 5—7 月　株高约 120cm

别名旗杆桔梗。穗状花序，优雅的铃状花形。生命力强，自然落种繁殖，丛生。

林荫鼠尾草"罗森雯"
(*Salvia nemorosa* 'Rosenwein')

唇形科　宿根草
花期 5—6 月　株高 70~80cm

深蓝紫色的花朵绽放于褐色花茎之上。花期过后，残留的红紫色花萼也十分美观，通过对植株略微修剪，可使其再次开花。

三脉紫菀
(*Aster trifoliatus ageratoides*)

菊科　宿根草
花期 10—11 月　株高约 50cm

开蓝紫色花，花朵直径约 3cm。初夏时节，修剪至株高的二分之一，枝数会有所增加，花朵数量也会随之增多。

墨西哥鼠尾草"聚光灯"
(*Salvia mexicana* 'Limelight')

唇形科　宿根草（寒冷地带为一年生草本植物）　花期 6—11 月　株高约 150cm

蓝紫色花朵与黄绿色的花萼形成巧妙的对比。生命力强，初夏时节，修剪为株高的一半，枝数及花朵数量都会增加。

日本铁线莲
(*Clematis stans*)

毛茛科　宿根草
花期 8—9 月　株高 50~80cm

原种，半灌木性铁线莲。花茎直立，淡紫色铃状小花密生。

草本花卉
黄
17例

喇叭水仙类
（*Narcissus pseudonarcissus*）

石蒜科　秋植球根植物
花期 4 月　株高 40~50cm

品种多样，其中最具存在感的是该图上的品种。花朵有大型副花冠，呈喇叭状。可存活数年。

黄花九轮草
（*Primula veris*）

报春花科　宿根草
花期 3—4 月　株高约 30cm

别名驴蹄草。野生樱草，房状花序，开黄花，带有芳香。生命力强，呈横向蔓延生长。

春黄菊
（*Anthemis tinctoria*）

菊科　宿根草
花期 5—7 月　株高 50~80cm

鲜明的黄色花朵，在带齿形裂边的枝叶映衬下，繁茂生长。生命力强，易培育，但不耐高温多湿。

细叶大戟
（*Euphorbia cyparissias*）

大戟科　宿根草
花期 5—7 月　株高 20~40cm

开小黄花，窄叶带银色。植株呈席状横向蔓延，喜略干燥环境。

棕斑毛地黄
（*Digtalis laevigata*）

玄参科　宿根草
花期 6—7 月　株高约 80cm

植株形态比毛地黄（*Digitalis purpurea*）更为纤细，小花窄叶。花色为橘黄与白色相间。不耐高温多湿。

蜀葵
（*Alcea rugosa*）

锦葵科　宿根草
花期 6—8 月　株高 150~200cm

这是开单瓣花的蜀葵品种，花色透亮，随风摇曳。因为植株会逐渐变大，所以需设立支柱。

黄花耧斗菜"黄皇后"
（*Aquilegia chrysantha* 'Yellow Queen'）

毛茛科　宿根草
花期 5—6 月　株高 40~50cm

开黄花，特征是花距长，属于黄花耧斗菜的选育品种。生命力强，但不耐夏季的强烈日照。

东方毛蕊花"十六支蜡烛"
（*Verbascum chaixii* 'Sixteen Candles'）

玄参科　宿根草
花期 5—7 月　株高约 100cm

花序挺直，黄色花朵密生。该品种生命力强，具有耐暑性，但要避免在过于潮湿的环境中栽培。

百日草"巨型青柠"

（ *Zinnia* 'Giant Lime'）

菊科　春季播种一年生草本植物
花期 6—9 月　株高约 100cm

开青柠色花，花朵直径约 10cm，属大
花品种。生长快，生命力强。宜种植于
日照良好处。

败酱

（ *Patrinia scabiosifolia* ）

败酱科　宿根草
花期 6—10 月　株高 100~150cm

开黄色小花，花序直径为 15~20cm，叶
窄呈羽状排列。喜略湿润环境，通过地
下根茎繁殖。

黄花松果菊

（ *Echinacea paradoxa* ）

菊科　宿根草
花期 6—8 月　株高约 80cm

原种，开黄色花，细窄花瓣低垂，形态
独特。生命力强，花期过后进行修剪，
可再次开花。

向日葵"柠檬皇后"

（ *Helianthus* 'Lemon Queen'）

菊科　宿根草
花期 7—9 月　株高 100~160cm

开黄色花，花朵直径约 8cm，花量多。梅
雨季节前进行一次修剪，可抑制株高。

三裂叶金光菊

（ *Rudbeckiatriloba* ）

菊科　宿根草
花期 6—10 月　株高约 100cm

开黄色花，花心凸起呈黑色，形态朴素
且富有野趣。生命力强，易培育，自然
落种可繁殖。

糙叶赛菊芋"夏夜"

（ *Heliopsishelianthoides* var.
scabra 'Summer Nights'）

菊科　宿根草
花期 6—8 月　株高约 100cm

黄色花朵与黑红色花茎形成鲜明对比，
给人以强烈的视觉冲击。生命力强，花
期过后进行修剪，可再次开花。

光叶鬼针草

（ *Bidens laevis* ）

菊科　宿根草
花期 10—12 月　株高 80~100cm

花茎直立，开黄色花。生长旺盛，但过
于繁茂时易倒，因此，在初夏时节宜进
行一次修剪。

缘毛过路黄"爆竹"

（ *Lysimachia ciliata* 'Firecracker'）

报春花科　宿根草
花期 4—8 月　株高 70~80cm

褐色枝叶与黄色花朵之间形成绝妙对
比，令人印象深刻。生长旺盛，通过地
下根茎繁殖。

柱托草光菊

（ *Ratibidacolumnifera* ）

菊科　宿根草
花期 7—10 月　株高约 120cm

别名为墨西哥帽。黄色、红色的花瓣与
凸出的中盘花柱之间形成一种独具个性
的平衡感。注意避免过度潮湿。

草本花卉

白

26例

大花聚合草 "希德科特蓝"
（ *Symphytum ibericum* 'Hidcote Blue' ）

紫草科　宿根草
花期 4 月　株高 40~50cm

小型聚合草，花色为淡蓝色至白色渐变。喜有机物质丰富的土壤，在背阴处也能茁壮成长。

习见蓝堇菜 "雀斑"
（ *Viola sororia* 'Fleckles' ）

堇菜科　宿根草
花期 4—5 月　株高 10~20cm

花朵直径约 3cm，白色花朵上像是被吹上蓝色墨水一般。生命力强，通过地下根茎繁殖。

狗筋麦瓶草
（ *Silene vulgaris* ）

石竹科　宿根草
花期 5—7 月　株高约 60cm

白色花朵的花萼部位如同气球般鼓起。形态质朴且富有野趣，生命力强。自然落种可繁殖。

二歧银莲花
（ *Anemone dichotoma* ）

毛茛科　宿根草
花期 5—6 月　株高约 20cm

丛生植物，一般长于潮湿地带。从叶腋生出两支花茎，开白色花（实为花萼）。繁殖力旺盛。

草玉梅变种
（ *Anemone vivularis* cv. ）

毛茛科　宿根草
花期 5 月　株高 40~50cm

花内侧为白色，外侧为淡蓝色。灰色的雄蕊也十分美观。生命力强，忌高温多湿和过度干燥。

毛地黄钓钟柳 "红外套"
（ *Penstemon laevigatus* subsp. *digitalis* 'Husker Red' ）

玄参科　宿根草
花期 6—7 月　株高 50~75cm

略带粉色的白花与铜色枝叶的搭配显得十分高雅。耐寒性强，不喜高温多湿环境。

龙胆婆婆纳
（ *Veronica gentianoides* ）

玄参科　宿根草
花期 5—6 月　株高 50~70cm

花色为接近白色的极淡蓝色。枝叶茂密，花茎直立，花形略大。生命力强，易培育。

林地福禄考 "白色香水"
（ *Phlox divaricata* 'White Perfume' ）

花葱科　宿根草
花期 5—6 月　株高约 25cm

匍匐性福禄考，花朵长势良好，带有肥皂的芳香。生命力强，易培育。

山矢车菊"紫心"
（ *Cyanus montana* 'Purple Heart'）

菊科　宿根草
花期 5—6 月　株高 50~70cm

白色花瓣与紫色花蕊形成巧妙对比。随
着生长，花瓣整体会逐渐变成紫色。具
有耐寒性，但不耐高温多湿。

蕾丝花
（ *Orlaya grandiflora*）

伞形科　宿根草（秋季播种一年生草本）
花期 5—6 月　株高 10~60cm

花朵形似白色蕾丝，成群绽放，由自然
落种繁殖，生长旺盛。本是宿根草（多
年生草本植物），但由于其不具耐暑性，
所以作为一年生草本培育。

心叶两节荠
（ *Crambecordifolia*）

十字花科　宿根草
花期 5—6 月　株高约 200cm

大型宿根草，开白色小花，形似满天星，
密生。叶似青绿色羽衣甘蓝。注意避免
在高温多湿环境中栽培。

紫斑风铃草"婚礼钟声"
（ *Campanula punctata* 'Wedding Bells'）

桔梗科　宿根草
花期 6—7 月　株高约 100cm

开纯白花朵，属重瓣品种。喜半阴处，
植株大。不耐暑，因此宜在通风良好的
半阴处进行培育。

雪菊蒿"头奖"
（ *Tanacetum niveum* 'Jackpot'）

菊科　宿根草
花期 5—7 月　株高 30~60cm

花形似洋甘菊，呈樱状绽放，叶带银色。
不耐暑，属存活时间短暂的宿根草品种。

毛剪秋罗
（ *Lychnis coronaria*）

石竹科　宿根草（二年生草本植物）
花期 5—7 月　株高 60~100cm

茎叶覆有白色绒毛。不耐高温多湿，在
温暖地带，作为存活时间短暂的二年生
草本植物培育。自然落种可繁殖。

南欧铁线莲"霍格比白"
（ *Clematis viticella* 'Hagelby White'）

毛茛科　蔓性宿根草
花期 5—10 月　株高 200~400cm

其属耐强修剪品种。开纯白色铃状小花。
具有多花性，可反季节开花，因此，需
牢记在花期过后要对其进行修剪及施肥。

槭叶蚊子草
（ *Filipendula purpurea*）

蔷薇科　宿根草
花期 7—8 月　株高 70~100cm

开纤细白花。花序及齿形叶极具野趣。
宜在避开夏季强光直射、略湿润的地方
培育。

林地鼠尾草"雪山"
（ *Salvia nemorosa* 'Snow Hill'）

唇形科　宿根草
花期 6—8 月　株高 40~50cm

花序直立，花小而繁密生。花期过后进
行修剪可再次开花。忌高温多湿。

山桃草
（ *Gaura lindheimeri* ）

柳叶菜科　宿根草
花期 5—11 月　株高 50~150cm

花茎细长，开蝶状花，花期长。生长旺
盛，因此不宜种植在狭窄处。也有粉花
的品种。

矮桃
（ *Lysimachia clethroides* ）

报春花科　宿根草
花期 7—8 月　株高 40~100cm

花序生于花茎前端，约 15cm 长。细长
的地下根茎横走，丛生。

木藤蓼
（ *Fallopia aubertii* ）

蓼科　落叶蔓性木本植物
花期 6—10 月　蔓长约 15m

细小白花密生。发育快且生命力强，
冬季及花期过后，需适当修剪过长的
藤蔓。

黄盆花
（ *Scabiosa ochroleuca* ）

川续断科　宿根草
花期 6—11 月　株高 80~100cm

蓝盆花属原种，花茎细，花朵直径约
3cm。生命力强，但不耐高温多湿。

大丽花 "吹雪"
（ *Dahlia* 'Fubuki' ）

菊科　春植球根植物
花期 6—10 月　株高约 100cm

中型花，白色花瓣上带有红色细条纹，
色彩柔和。盛夏时节不易开花。不耐高
温多湿和寒冷。

阿米芹
（ *Ammi visnaga* ）

伞形科　二年生草本植物
花期 5—8 月　株高约 80cm

与蕾丝花类似，白色花序，花序直径约
15cm，给人以轻飘飘的印象。自然落
种可繁殖。

足摺野路菊（ *Dendranthema occidentaili-japonense* var. *ashizuriense* ）

菊科　宿根草
花期 10—12 月　株高 20~40cm

海岸野路菊的变种，野生于高知县足摺
岬的周边。花茎上部开始分枝，开白色
花，花朵直径约 3cm。

大丽花 "纯"

菊科　春植球根植物
花期 5—10 月　株高约 70cm

大丽花园艺品种，花朵可从春季持续绽放
至晚秋时节（盛夏除外）。此为铜色枝叶
品种，花朵直径约 8cm，花色为奶油色。

冠萼扁果葵 "银杯"
（ *Anoda cristata* 'Silver Cups' ）

锦葵科　宿根草（寒冷地带为一年生草本
植物）　花期 6—12 月　株高 60~100cm

花量多，花朵直径约 3cm，植株呈灌木
状。为防止其生长茂密时植株倒伏，需
进行数次修剪。

草本花卉
——————
叶

26例

小蔓长春花
（ *Vinca minor* ）

夹竹桃科　宿根草
花期 4—5 月　株高 15~30cm

别名绣球长春花。藤蔓蔓延生长，适合作为地被植物。花有白、蓝两色，生命力强。

芒颖大麦草
（ *Hordeum jubatum* ）

禾本科　宿根草（两年生草本）
长穗期 5—8 月　株高约 50cm

可作观赏用的大麦，日光下金灿灿的麦穗令人印象深刻。生命期短，属二年生草本植物。宜实生繁殖。

景天"秋之韵"
（ *Sedum* 'Autumn Charm' ）

景天科　宿根草
花期 8—10 月　株高约 40cm

斑叶的景天属植物，花势良好，花瓣紧凑，花色为粉色。可对其喷洒农药以除虫。

绵毛水苏
（ *Stachys byzantina* ）

唇形科　宿根草
花期 5—7 月　株高约 60cm

银叶密被白色绒毛，开粉色小花。需注意避免高温潮湿。

斑叶镰叶黄精
（ *Polygonatum falcatum* 'Variegatum' ）

百合科　宿根草
花期 4—5 月　株高约 40cm

带斑纹的叶子形状秀美，可作为强健的地被植物。白色花，顶端带绿色。喜光，耐半阴。

五色异叶蛇葡萄（ *Ampelopsis glandulosa* var. *heterophylla* ）

葡萄科　蔓性宿根草
花期 5—6 月　株高 300~500cm

白、粉两色混合的新叶、带红色的茎与秋季蓝紫色的果实，颇具魅力。生命力强，易培育。

巨无霸玉簪
（ *Hosta* 'Sum and Substance' ）

百合科　宿根草
花期 6—7 月　株高约 90cm

明亮的黄绿色大型叶颇具光泽，特征为叶子宽大。生长速度快，叶长可达 1.8m。

玉簪"寒河江"
（ *Hosta* 'Sagae' ）

百合科　宿根草
花期 6—7 月　株高约 75cm

大型品种，叶的边缘大幅度起伏，带灰色的绿叶上生有黄色斑纹。生长速度快，叶向上生长。

斑叶蕳草
(*Phalaris arundinacea* 'Variegata')

禾本科　宿根草
长穗期 7—10 月　株高 40~100cm

喜湿,耐寒性、耐热性强。地下根茎发达。

紫露草"甜心凯特"
(*Tradescantia* 'Sweet Kate')

鸭跖草科　宿根草
花期 7—10 月　株高 30~50cm

金黄叶片和蓝色花瓣形成对比,分外美丽。生命力强,不耐干燥、潮热,忌断水。

丝叶泽兰
(*Eupatorium capillifolium*)

菊科　宿根草
花期 10—11 月　株高 150~200cm

草似羽毛般柔软。由于根茎结实且植株偏大,在夏季修剪一次便能紧凑生长。

斑叶蕺草
(*Houttuynia cordata* 'Variegata')

三白草科　宿根草
花期 5—7 月　株高 30~40cm

蕺草的改良物种。叶子呈多色,带有红、黄、白三色斑点。十分强健,注意不要过于分散种植。

白三叶"威廉"
(*Trifolium repens* 'William')

豆科　宿根草
花期 5—7 月　株高 10~20cm

匍匐生长。叶色随气温的变化而变化,气温升高,颜色变绿;气温降低,颜色变红。花色为玫瑰色。

小头蓼"红龙"
(*Polygonum microcephala* 'Red Dragon')

蓼科　宿根草
花期 6—10 月　株高约 120cm

叶子呈紫红色,具银蓝色或绿色 V 字形斑纹。茎不断斜向生长。生命力强,忌干燥。

发状苔草"漩涡"
(*Carex comans* 'Bronz Curls')

莎草科　宿根草
长穗期 8 月　株高约 30cm

叶子细长,茶褐色,叶片尖端卷曲,给人以柔和的印象。耐寒性、耐暑性强,生命力强。

齿叶橐吾"布瑞特·玛丽·克劳福德"
(*Ligularia dentata* 'Britt Marie Crawford')

菊科　宿根草
花期 8 月　株高 60~100cm

深色的大圆形叶子给人留下深刻印象。花为橙黄色。生命力强,易培育。

矾根属
(*Heuchera*)

虎耳草科　宿根草
花期 5—7 月　株高 30~80cm

彩叶别致,富于变化。开小花,花色为红、粉、白。喜半阴处。

悬穗苔草
（ *Carex pendula* ）

莎草科　宿根草
长穗期 8 月　株高 80~100cm

苔草属原种大型品种。具有耐寒性，易培育。夏季时期，其穗高可长达 1m 左右。

细茎针茅 "天使之发"
（ *Stipa tenuissima* 'Angel Hair' ）

禾本科　宿根草
长穗期 7—10 月　株高 60~90cm

纤细枝叶密生，形态极具野趣。生命力强，不耐潮湿。初春进行修剪，可使其恢复活力。

蓝钢草 "印度钢"
（ *Sorghastrum nutans* 'Indian Steel' ）

禾本科　宿根草
长穗期 7—10 月　株高 80~120cm

金属蓝色的枝叶细长，秋季变为橙色。夏季伸展的花序十分美观。喜湿润土壤。

柳枝稷 "女子"
（ *Panicum virgatum* 'Squaw' ）

禾本科　宿根草
长穗期 7—9 月　株高约 100cm

幽雅的叶微微发白，秋季变为红葡萄酒色。长穗窈窕纤细。

绒毛狼尾草 "鲁布鲁姆"
（ *Pennisetum setaceum* 'Rubrum' ）

禾本科　宿根草（一年生草本植物）
长穗期 7—11 月　株高约 100cm

紫铜色的叶穗带光泽，红色长穗引人注目。若是日照不良，则不易变红。不耐寒冷。

野青茅
（ *Deyeuxia pyramidalis* ）

禾本科　宿根草
长穗期 8—10 月　株高约 80cm

晚秋时节开放，花茎挺立，花序奶油色，状如羽毛，随着生长，色渐红。生命力强，易培育。

巴西莲子草 "红色闪电"
（ *Alternanthera brasiliana* 'Redflash' ）

苋科　宿根草
花期 10—11 月　株高约 60cm

红色叶子十分美观，秋季开花，形同千日红。夏季的高温及强光，可使叶色更为鲜明。

老鸦谷 "奇迹青铜"
（ *Amaranthus cruentus* 'Marvel Bronze' ）

苋科　春季播种一年生草本植物
花期 6—10 月　株高 60~70cm

该品种穗及叶皆为深红色，靓丽雅致，吸人眼球。生命力强，畏寒。自然落种可繁殖。

蓖麻 "吉布索尼"
（ *Ricinus communis* 'Gibsonii' ）

大戟科　宿根草
花期 7—10 月　株高 150~200cm

齿形叶边的铜色叶十分美观，蒴果也独特无比。生命力强，但耐寒性差，因此，在寒冷地带常作为一年生草本植物种植。

树木
月季

17例

桃乐西·帕金斯
（ Dorothy Perkins ）

单季开花　CL：树高约 4m
花：绒球状　小花型　微香

攀缘蔷薇（ *Rambler Rose* ）品种，花期晚，
房状花序，花色为深粉色。嫩枝柔韧，
攀缘蔓延。

安布里奇
（ Ambridge Rose ）

四季开花　B：树高约 1.2m
花：莲座状　中花型　强香

树形紧凑，直立生长，适合作为盆栽。
开杏色花，四季开放。

罗莎曼迪
（ Rosa Mundi ）

单季开花　B：树高约 1m
花：杯状　半重瓣中花型　强香

法国蔷薇（ *Rosa gallica* ），花枝紧凑。
深粉色花瓣上的斑纹吸人眼球。柔软的
枝条下垂。

佩内洛普
（ Penelope ）

反复开花　S：树高约 3m
花：圆瓣　半重瓣中花型　中香

杂交麝香月季。开奶粉色花，花形飘逸。
枝叶横向蔓延生长。

银禧庆典
（ Jubilee Celebration ）

四季开花　S：树高约 1.2m
花：莲座状　大花型　强香

花色为深鲑鱼粉，花形饱满。四季开放
型品种，生命力强，易培育。

炼金术师
（ Alchymist ）

单季开花　S：树高约 2.5m
花：莲座状　中大花型　中香

开橘粉色花。因其枝叶粗壮，故适合牵
引至高栅栏上培育。

幸福帕门蒂尔
（ Felicite Parmentier ）

单季开花　S：树高约 1.6m
花：四分之一玫瑰状　中花型　强香

白蔷薇（ *Rosa alba* ），花瓣多层，花色
淡粉，花势良好。枝叶直立生长，当其
花枝低垂时，会十分美观。

野蔷薇
（ Rosa multiflora ）

单季开花　S：树高约 3m
花：单瓣　小花型　中香

日本自生的原种野蔷薇。开小型白色单
瓣花，房状花序。无刺，易打理。

树形　S: 半藤本型　B: 灌木型　CL: 藤本型

约克城
（ City of York ）

反季开花　CL：树高约 4m
花：杯状　中花型　微香

黄色雄蕊，开可爱的白色花朵。与在阳光照耀下的深绿色花叶形成美丽对比。藤蔓横向生长，易牵引。

泡芙美人
（ Buff Beauty ）

反复开花　CL：树高约 2m
花：四分之一杯状　中花型　中香

杂交麝香月季。开杏黄色花。半藤本型、横向生长的品种，因此，适合牵引至栅栏、花格墙上培育。

西多尼
（ Sidonie ）

反复开花　S：树高约 2m
花：莲座状　大花型　强香

波特兰系月季品种。香气袭人，房状花序。生长力强，适合牵引至大型拱门上培育。

弗朗兹卡·克鲁格女士
（ Mademoiselle Franziska Kruger ）

四季开花　B：树高约 1.2m
花：莲座状　中花型　微香

随着生长，花色由粉色渐变为杏色，花朵由呈剑形花瓣绽放变为呈紊乱莲座形绽放。花枝纤细。

赫伯特·斯蒂文斯夫人
（ Mrs. Herbert Stevens ）

四季开花　B：树高约 1.2m
花：高心剑瓣　大花型　中香

纯白色的早期现代月季（Modern Rose）。花朵低垂，花枝纤细且柔软，横向生长。

哈洛·卡尔
（ Harlow Carr ）

四季开花　S：树高约 1.2m
花：莲座状　中花型　强香

花枝紧凑，易牵引。花形可爱，房状花序，花色为玫粉色。适合牵引至方尖塔上培育。

粉红布勒
（ Blush Rambler ）

单季开花　CL：树高约 4m
花：半重瓣　中花型　微香

攀缘月季，花枝低垂，开朴素的粉色花朵，房状花序。花枝粗壮，直立生长，可用于点缀高处。

苏菲的永恒
（ Sophie's Perpetual ）

四季开花　B：树高约 1.2m
花：杯状　中花型　强香

中国月季，玫粉渐变色十分美观。树形横向散开，少刺。

黑男孩
（ Black Boy ）

单季开花　S：树高约 1.8m
花：莲座状　中花型　强香

百叶蔷薇（ Rosa centifolia var. muscosa ），花刺密集，树形大。深红色花朵十分时尚。属强健品种。

树木

其他

35例

连翘
(*Forsythia suspensa*)

木犀科　落叶灌木
花期 4 月　树高 1.5~3m

灌木植物，开深黄色花朵，颜色鲜明。喜略湿润向阳处，注意避免种于夕阳直射处。

星花木兰
(*Magnolia stellata*)

木兰科　落叶乔木
花期 3—4 月　树高 8~10m

宣告春季到来的花树，花朵较紫玉兰（ *Yulania liliiflora* ）小，花形可爱。根部粗大，无细根，不宜移植。

紫叶李
(*Prunus cerasifera* f. *atropurpurea*)

蔷薇科　落叶中等木
花期 3—4 月　树高 2~4m

其特征为紫红色的树叶，开白色、淡粉色花朵，初夏结果。生命力强，易培育。

少花蜡瓣花
(*Corylopsis pauciflora*)

金缕梅科　落叶灌木
花期 3 月下旬至 4 月　树高 2~3m

花色淡黄，先花后叶。生命力强，但应避免种于夏季夕阳直射处及干旱地。

珍珠绣线菊"藤野粉"
(*Spiraea thunbergii* 'Fujino Pink')

蔷薇科　落叶灌木
花期 4 月　树高 1~1.5m

花蕾为红色，开花时，花朵外侧为粉色，内侧为白色。花枝低垂，勾勒出美丽弧线。

锦带花"布莱恩·鲁比多"
(*Weigela florida* 'Briant Rubidor')

忍冬科　落叶灌木
花期 5—6 月　树高 1.5~3m

红色花朵与金黄树叶形成独特对比。生命力旺盛，花期过后新叶会繁茂生长，因此，花期结束后要对其进行修剪。

榅桲
(*Cydonia oblonga*)

蔷薇科　落叶灌木
花期 4 月至 5 月中旬　树高 1.5~2.5m

花期过后，结出西洋梨形果实。虽然在某种程度上可自我受精结果，但与其他品种相近种植为宜。

粉团"双子座"
(*Viburnum plicatum* 'Gemini')

忍冬科　落叶灌木
花期 5—6 月　树高 1~3m

因开白、粉双色花，故名为"双子座"。不喜夏季强光、干燥。

蝟实
（ *Kolkwitzia amabilis* ）

忍冬科　落叶灌木
花期 5—6 月　树高 1.5~2m

生命力强，花朵密生。花蕾为粉色，初
开时花朵为白色，后随着生长逐渐变为
粉色。

黄栌 "少女"
（ *Cotinus coggygria* 'Young Lady' ）

漆树科　落叶灌木
花期 6—8 月　树高约 3m

树形较其他品种更为紧凑，花势良好，
生命力强。秋季时，亮绿色的树叶会变
成铜色。

无毛风箱果 "空竹"
（ *Physocarpusopulifolius* 'Diabolo' ）

蔷薇科　落叶灌木
花期 5—6 月　树高 1.5~2m

特征为深红紫色的树叶。淡粉色的花朵
状如线球，可结果。树枝略粗。

日本小檗 "玫红光辉"
（ *Berberis thunbergii* 'Rose Glow' ）

小檗科　落叶灌木
花期 4—6 月　树高约 2m

呈灌木状繁茂生长，细小铜色叶密生，
树枝被刺。新叶被粉色斑纹，鲜艳明亮。

岑叶槭 "火烈鸟"
（ *Acer negundo* 'Flamingo' ）

槭树科　落叶中型乔木
花期 4 月　树高约 5m

树叶被白色斑纹，随风飘扬，清爽宜人。
新芽带粉色。注意避免夏季强光及干燥
天气对树木的影响。

树状绣球 "安娜贝尔"
（ *Hydrangea arborescens* 'Annabelle' ）

虎耳草科　落叶灌木
花期 6—7 月　树高 1~1.5m

属树状绣球（ *Hydrangea arborescens* ）的
园艺品种。花序如同手鞠球一般，直径
可达 30cm。生命力强，冬季可修剪。

空心泡
（ *Rubus rosifolius* ）

蔷薇科　落叶灌木
花期 5—6 月　树高约 1m

悬钩子属（ *Rubus* ）植物，花朵直径约
6cm，呈球状绽放，强健，地下根茎可
繁殖。

红花七叶树
（ *Aesculus × carnea* ）

无患子科　落叶乔木
花期 5—6 月　树高 10~15m

红色花朵呈圆锥状绽放。果实形状独特，
观赏价值高，种子形似栗。一般不进行
修剪。

西洋接骨木
（ *Sambucus nigra* ）

忍冬科　落叶灌木 ~ 中型木
花期 4—5 月　树高 3~6m

别名欧洲接骨木。香气宜人，花朵及果
实皆可用作香料。不喜潮湿、干燥。

粉花绣线菊"金山"
（ *Spiraea* × *bumalda* 'Gold Mound'）

蔷薇科　落叶灌木
花期 5—6 月　树高 50~60cm

粉色花朵与石灰绿树叶十分美观，在秋季可欣赏红叶。植株横向蔓延生长，树形紧凑。

栎叶绣球"雪花"
（ *Hydrangea quercifolia* 'Snow flake'）

虎耳草科　落叶灌木
花期 5 月中旬至 7 月　树高 1~2m

装饰花为重瓣，呈圆锥形绽放。叶呈倒卵形，红叶时十分美丽。喜日照良好处。

红瑞木
（ *Cornus alba* ）

山茱萸科　落叶灌木
花期 5—6 月　树高 1~2m

开白色小花，花后结果。叶薄带白色斑纹，要注意避免夏季强光照射。冬季枝转红。

圆锥绣球"格兰迪弗洛拉"
（ *Hydrangea paniculata* 'Grandiflora'）

虎耳草科　落叶灌木
花期 7—8 月　树高约 1.8m

别名金字塔绣球花。春季冒新芽的花枝前端，花序呈圆锥形绽放。生命力强，冬季可修剪。

加拿大唐棣
（ *Amelanchier canadensis* ）

蔷薇科　落叶中型乔木
花期 4—5 月　树高 3~5m

在枝叶生长成熟之前，开白色花朵，初夏结果。在秋季可欣赏红叶。不宜种植于略干燥地带。

夏栎"康科迪亚"
（ *Quercus robur* 'Concordia'）

壳斗科　落叶中型乔木
花期 4 月　树高 3~7m

夏栎的园艺品种。金黄色树叶美观，夏季树叶变绿，秋季转黄。树形较紧凑。

大叶醉鱼草
（ *Buddleja davidii* ）

马钱科　落叶灌木
花期 7—10 月　树高 2~3m

花序呈圆锥形，花色为白、粉、紫等。花蜜可吸引蜜蜂和蝴蝶。生长速度快，生命力强。

绣球花
（ *Hydrangea macrophylla* ）

虎耳草科　落叶灌木
花期 6—7 月　树高 2~3m

易受土壤酸碱度影响。蓝色花朵是在酸性土壤中培育出的。生命力强，但需注意避免夏季强光照射、干燥。

泽八绣球"红"
（ *Hydrangea serrata* 'Kurenai'）

虎耳草科　落叶灌木
花期 6—7 月　树高约 1m

随着生长，花朵颜色由白渐红，红色鲜艳得像是要溢出一般。枝叶苗条且紧凑。

东北红豆杉
（ *Taxus cuspidata* ）

红豆杉科　常绿乔木
花期 3—4 月　树高 2~20m

别名紫杉。秋季结红色果实，在深绿色叶子的映色下，显得十分艳丽。耐阴性强，注意避免夏季强光照射。

连香树
（ *Cercidiphyllum japonicum* ）

连香树科　落叶乔木
花期 4—5 月　树高 10~30m

心形树叶，秋季变黄，散发出甜香。生命力强，易培育，宜种于向阳处。花朵低调朴实。

毛果槭
（ *Acer maximowiczianum* ）

槭树科　落叶中型木~乔木
花期 5 月　树高 4~10m

叶为三出复叶，秋季变为鲜艳红色。生命力强，宜在夏季强光照射不到、具备蓄水能力处种植。

具柄冬青
（ *Ilex pedunculosa* ）

冬青科　常绿乔木
花期 5—6 月　树高约 10m

树叶不大，因此给人以轻飘飘的感觉。雌雄异株，当两者皆俱时，果实则丰足。注意避免夏季西晒。

沼生栎
（ *Quercus palustris* ）

壳斗科　落叶乔木
花期 4 月至 5 月中旬　树高 0.25~0.4m

别名美国橡树。树形呈大圆锥形，大型齿形叶，秋季变红。

厚叶栒子
（ *Cotoneaster coriaceus* ）

蔷薇科　常绿灌木
花期 4—5 月　树高 3~4m

枝丫呈低垂状伸展，生长茂盛。叶为深绿色，秋季红色果实密生。

白棠子树
（ *Callicarpa dichotoma* ）

马鞭草科　落叶灌木
花期 6 月　高 2~3m

秋季时节。呈弓形生长的树枝上，颜色鲜艳的紫色果实累累，赏心悦目。

红涩石楠
（ *Aronia arbutifolia* ）

蔷薇科　落叶灌木
花期 4—5 月　高 3~5m

别名西洋镰柄。春季开白色花，秋季结果，呈鲜艳红色。耐暑性、耐寒性强，生长速度快。

卫矛
（ *Euonymus alatus* ）

卫矛科　落叶灌木
花期 5—6 月　高 2~3m

秋季，结出带有橙色假种皮的果实，后逐渐裂开。人们可短暂欣赏这一树姿。喜干性土壤。

GARDEN SOIL潮流

以宿根草为主的
庭院设计及其养护教程

LESSON

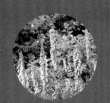  

GARDEN SOIL 里，种植了许多宿根草类植物。由于十分自然，所以看起来都像是随意种植的一样，这也是基于两人的设计理念设计而成的。在进行栽植设计以及之后的养护时，要采用一种绝妙的平衡方式进行打理，使其看起来不知是自然生长而成的，还是特意设计的。宿根草类植物一经种植，只要环境符合其生存条件，就可存活数年，但放置不管是不可取的。需在不过度保护的情况下任其自由生长，同时加以适当的人工修饰。接下来，我们将详细介绍庭院设计、养护的方法及作业。

LESSON 1

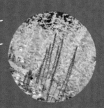

第1课 种植设计：打造悦目景色

宿根草的魅力
选择及搭配的技巧

　　宿根草类植物经过种植，每年都会生出新芽，并且绽放花朵。只要种植环境与其生存习性相协调，它们每年都能茁壮成长。宿根草植株的形态，富于色彩、形状的变化，性质也多种多样。为了确保花园里鲜花盛开，除了要大量栽植喜日照的一二年生草本植物，也要种植许多耐阴凉、湿地、强光、干燥等不良条件的品种。另外，为了花期外能够观赏植株，也要选择种植一些常绿品种。在冬季可以欣赏植物的枝叶，也是其魅力之一。

　　所谓搭配，并不仅仅是指植物形态的组合，还要参考花期进行种植，打造出四季宜人的景色。植物搭配，需要综合考虑三点要素，即植物的色（color）、形（form）、质感（texture）。色彩方面，不仅有颜色的差异，还包括色彩的浓淡；形态方面，即植物形状是圆还是尖；质感方面，即植物属于硬质还是软质等。根据这些差异所打造出的景象，也是截然不同的。如果提前考虑好自己想要设计的景象，那么对植物的选择就会顺利许多。植物搭配的要点是，切忌将同色系、同形态、同质地的植物接连种植在一起，而是要富有变化、有张有弛。另外，仅种植宿根草类植物会显得单调，因此，我们可以再搭配一些灌木植物。

　　植物搭配的范围是无限大的。设计，并非只是简单地搭配植物外观，还要根据植物的特征、性质来选择植物。

1　色彩丰富的景象

因为 GARDEN SOIL 庭院广阔，所以尽可能将同色系的植物统一种植，以期营造出强烈的视觉冲击。但如果仅有同色系植物的话，则容易趋于单调，因此，要在重要的位置加上互补色（对比色），以打造亮点。

白色和银色	纯洁
粉色系	温柔甜美
蓝色系	清爽、雅致
黄色系	明亮、有活力
红色系	热情
深色系	成熟、有品位

2　形态（形状）不一

无论多么狭小的空间，我们都会留意观察植物形状的差异，使它们相互衬托。因为在欣赏花朵与植株整体时，植物所展现出的形态是不同的，所以在设计时要对两者进行综合考虑。

花茎整洁、笔直的品种
鼠尾草属、钓钟柳属、毛蕊花属等

茂密呈圆形生长的品种
老鹳草属、圆扇八宝（Hylotelephium sieboldii）、蠕草属等

大型花品种
紫松果菊（Echinacea purpurea）、大丽花、芍药等

修长线性品种
草类、艳丽漏斗鸢尾、鸢尾等

3　质地（质感）多样

虽然与色彩形状相比，质地（质感）从远处很难一目了然，但其也是打造庭院时不可或缺的要素之一。植物质感不同，打造出的场景也会有所不同，因此，请根据想要酿造的氛围选择植物。

蓬松的品种：温柔
绵毛水苏、草穗等

带刺的品种：稍具个性
刺芹属、蓝刺头属（Echinops）等

光润的品种：略有存在感
橐吾属（Ligularia）、岩白菜属（Bergenia）、玉簪属（Hosta）等

地席状品种：祥和宁静
肺草属（Pulmonaria）、大叶蓝珠草（Brunnera macrophylla）等

形色各异的多种植物相互交织，打造出美丽的自然风景。

第2步

自然的栽植方法

虽然花园里的植物都是人工栽植的，但我们在种植时，都尽可能地使其看起来更为自然。植物靠自身力量散播种子、伸展根茎，这样的自然风景便是我们想要达到的理想状态。

种苗时，将相同植物分为3棵一组，数组种植，形成一个整体，就可以打造出簇生的感觉。（如图1）

种植高低不一的植物时，基础做法是依照高矮顺序，从后至前种植，但如果将植物倾斜交错种植，那么就可以打造出立体感。（如图1、2）

空间略大的情况下，在稍有距离的地方设置同种植物的群落，使其相呼应，或者在通道两侧用相同的植物进行搭配，营造稳定感。（如图3）

种植要点

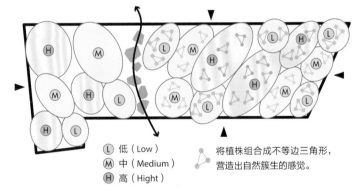

Ⓛ 低（Low）
Ⓜ 中（Medium）
Ⓗ 高（Hight）

将植株组合成不等边三角形，营造出自然簇生的感觉。

【图1】将植株组合成不等边三角形，打造自然簇生感。

通道
左右对称、稳定感

【图3】如同镜像一般，将植物左右对称种植，是相当有想法的设计。同时，逐渐缩窄通道宽度，利用远近法（perspective），可打造出纵深感。

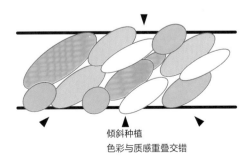

倾斜种植
色彩与质感重叠交错

【图2】将一种植物的群落成倾斜状种植，则会显出层次感。

LESSON 2 MAINTENANCE

第2课　养护：打造宜人庭院

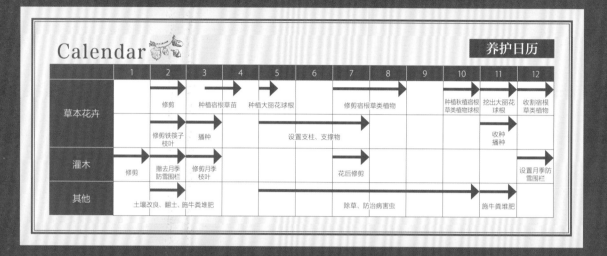

Calendar	1	2	3	4	5	6	7	8	9	10	11	12	养护日历
草本花卉		修剪	种植宿根草苗	种植大丽花球根			修剪宿根草类植物			种植秋植宿根草类植物球根	挖出大丽花球根	收割宿根草类植物	
		修剪铁筷子枝叶	播种		设置支柱、支撑物						收种播种		
灌木	修剪	撤去月季防雪围栏	修剪月季枝叶				花后修剪					设置月季防雪围栏	
其他		土壤改良、翻土、施牛粪堆肥				除草、防治病害虫				施牛粪堆肥			

早春
（3—4月）
雪融之后，即庭院园艺的开端

1　草本花卉的种植及播种

确认花坛里植物的状态，若是无须担心霜冻，那么就在已枯萎的地方，种植新苗。此时可播种黑种草属、扁果葵属（*Anoda*）、百日菊属（*Zinnia*）、蔬菜类等不耐寒的一年生草本植物，并在明亮不加温的小屋中进行育苗。

细心翻土，种植宿根草或一年生草本植物的幼苗。

为了使之看起来更为自然，切勿将藤蔓牵引得整整齐齐。

2　月季的养护

撤去防雪围栏之后，通常会在温暖地带对月季进行冬季修剪及牵引。我们会重新牵引许多藤本月季，但不会对腺梗蔷薇"基夫茨门"等大型品种进行大动作，只做简单的整理。牵引结束后，在根部撒上牛粪堆肥，为植物的生长发育做好准备。

3　防治鼹鼠、野鼠的措施

冰雪消融，鼹鼠开始活动，它们会在土壤中挖掘通道。并且，野鼠也会利用该通道来使坏。在野鼠的危害中，需要注意的是其对郁金香等球根植物的啃食。有时也会出现近一半植物都被啃食的情况。为了避免这类灾害，需尽早找到鼹鼠的通道，并且用工具或脚将其销毁。同时，需四处检查是否有被天牛侵蚀，或是已然枯死的树木。

田口先生说："松软的土壤隆起之处十分可疑呢。"

春—初夏
（5—6月）
春季开花品种的旺季

美国薄荷属的支柱

菜豆的支柱

1 宿根草的打理

即使这个季节是植物生长的旺季，也要尽可能使它们保持原状，自由生长。对于夏季株高会增加的植物，要提前把从圆齿水青冈、沼生栎上修剪下来的枝丫，制作成支柱，插在植株旁边。为了避免5月种植的大丽花倒伏，在其生出新芽时，要利用竹子或树进行支撑。当大丽花繁茂时才做支撑物的话，就为时已晚。当宿根草花期结束，结出种子后，要修剪去其株高的二分之一左右。这样一来，便可使其新叶繁茂，再度开花。通过疏枝，植物的通风状况会有所改善，这也是应对夏季闷热的良策。

2 挖掘球根

球根类植物并未单独栽植，而是种植于宿根草（多年生草本植物）及一年生草本植物之间。即使种植后不加打理，当其枯萎时，周围植物那繁茂生长的枝叶，也可覆盖住其干枯的褐色枝叶，但也需要在花期结束后，尽早将枯花从花茎上剪下。特别是丛生于落叶树下的水仙花，在花期后观赏效果变差，但还请暂时忍耐，待其花叶枯萎时再进行修剪。可不加打理的葡萄风信子属等植物，虽然每年枝叶都十分茂盛，但是花朵却在不断变小。因此，需以5年1次为基准，将其球根挖出，移植至已进行过施肥的地方。

4 杂草对策

杂草与宿根草属于同类植物，所以我们并不想使之敌对。早春时节的阿拉伯婆婆纳（*Veronica persica*）并不碍事。我们也适当运用了一些危害不大的品种。话虽如此，我们仍然会铲除问荆（*Equisetum arvense*）、赤竹（*Sasa*）及莎草科（*Cyperaceae*）的强韧杂草。

3 小灌木的修剪

月季、荚蒾（*Viburnum*）、锦带花（*Weigela florida*）、粉花绣线菊、麻叶绣线菊（*Spiraea cantoniensis*）、山月桂（*Kalmia*）、欧丁香（*Syringa vulgaris*）等初春绽放的小灌木品种，需在花期结束后尽早修剪。秋季新叶发芽，便可欣赏美丽的绿植。将拥挤的枝叶整理一番，可改善通风，树木的内侧也能得到日照，因此，可预防虫害及白粉病。

5 病虫害防治措施等

基本上，不进行消毒或杀菌预防。当发现大昆虫时，直接捕杀，而针对树上的介壳虫、天牛、月季的蚜虫及景天类植物的毛虫等，主要使用药剂。为抑制病害，我们对通风及排水环境进行了改善，并且十分注意增强植物自身的抵抗力。有时也会撒一些具有防虫效果的精油，如苦楝油（Neem oil）和茶树精油。

夏
（7—8月）
花坛的量感最强

1 浇水

从梅雨期结束至八月，即使是露天植被也需要浇水。在这个通风良好的花园里，位于日照充足处的花坛，转眼间就会变得干燥，因此，可以在早晨或者凉爽的傍晚，以充足的水压进行浇水。夏季的浇水工作是一件令人凉爽的好差事。可以一边浇水，一边检查植物。

可以改变水压的水龙带十分方便。因为花园非常广阔，所以浇水时经常使用喷射的方式。

2 修剪及支撑

持续绽放至秋季的草本花卉，多数是长得很高，且容易倒伏的品种。山桃草、天蓝花、天蓝鼠尾草（*Salvia uliginosa*）、斑鸠菊属、紫菀属（*Aster*）、大丽花及冬季盛开的波斯菊（*Cosmos*）等植物，若是在其花期前 1~2 个月进行一次修剪，除去其株高一半左右的话，植株便可以变得紧凑且花量充足。虽然也可将这些植物一次性修剪结束，但若是将同类植物错开时间进行修剪，制造出时间差，或者将部分植物浅修剪的话，那么就可以打造出植物参差不齐的感觉，使整体看起来更加自然。另外，对于过度繁殖的植物，要进行选择性拔除或者修剪，以达到间苗的效果。

检查是否有天牛

对植物的根部进行检查，以确认是否有天牛的幼虫钻入其中。若是出现粉末状物体，便说明有幼虫进入了。如果是树木出现虫害的话，那么就用金属丝将虫弄碎，或者给植物注射药剂。如果是草本花卉的话，当其受到严重损害时，就将整株植物拔起，进行处理。

间苗

针对植株较大或是自然落种繁殖过剩的宿根草类品种，可以切除茎叶，或是将整株从根部拔起，进行适当间苗。这样不仅能达到美观的效果，还能改善通风，因此，间苗不仅有助于该植物的生长，也会对其周边植物带来积极影响。

支撑物

纤细的铁制支撑物稳稳地支撑着植物，即使设置在园路边也不会引人注目。

正在对过度繁茂的秋牡丹进行间苗。其生命力强，繁殖速度快。

秋
（10—11 月）
入冬准备及养护

1 大丽花球根的 挖掘及保存

进入 11 月，从初夏持续盛开的大丽花花朵也逐渐减少。如遇霜打，大丽花的地上部位便会枯萎，因此，需要将其球根挖出，适当地抖落泥土，放置数日阴干。之后，用报纸将其包裹，装入塑料袋中并标明品种，然后放进纸箱里，再放置于不会上冻的地方进行保存。

用大铲子将大丽花球根小心挖出，去掉地上部位的枝叶。

4 草本花卉的修剪

自 11 月下旬开始，要对地上部位枯萎的宿根草类植物进行修剪。若冬季空无一物的话，庭院便会显得荒凉，因此，可保留一些姿态美观的品种，以及修剪后易枯萎且稍稍畏寒的品种。

修剪个头远高于人的草类植物。

2 栽种 秋植球根植物

在 GARDEN SOIL 花园中，种植了许多可存活数年的品种，如原种的郁金香、番红花属（Crocus）及水仙属等植物。但对于随着生长日渐衰弱的品种，以及新引入的郁金香及网脉鸢尾（Iris reticulata）等春季开花的球根类植物，要在 10 月内完成种植。种植前，应先将土壤彻底翻耕。完成花坛植物的种植后，需将水培植物的球根放入室内。

3 牛粪堆肥

在 GARDEN SOIL 花园中，并未使用化肥。取而代之的是，在晚秋时节，将牛粪堆肥洒满整个花园，并用耙子加以辅助，以此作为防寒覆盖物。便宜入手的 2 卡车重 2 吨的牛粪堆肥，因为是肉用牛的产物，所以肥料含量高、质量好。使用此牛粪堆肥之后，土壤会变得松软，微生物增多，植物的发育也会有明显改善。令人困扰的是，因为蚯蚓数量增加，鼹鼠也会增多，随之，野鼠也接踵而至。但是，这也是无可奈何的啊。

5 采种、播种

一到秋季，花园就是种子的宝库。在此之前，虽然我们也会不时采收种子，但是在植物进入休眠期前的这一段时期里，种子的采集量是最多的。若是想让植物野生生长，便任其落种繁殖即可。一年间可采集的种子大概有 30 个种类。采收结束后，将种子放入玻璃瓶，再放置于阴凉处保存至播种季节。另外，耐寒性强、来年春季开花的一年生草本植物，如香豌豆（Lathyrus odoratus）、麦仙翁（Agrostemma）、彩苞鼠尾草等，需在初秋时节进行播种。种子若有发芽现象，需在霜降之前进行栽种，让其扎根。

冬
（12月至来年2月）
植物开始发育之前

如果未将支柱牢牢固定在土壤里的话，支柱也会一起倒塌，或会压伤月季，请留意。

1 设置月季的防雪围栏

在降雪之前，要为灌木型和半藤本型树形的月季设置防雪围栏。如此一来，就不用担心枝条因雪的重量而折断。需要准备的物品为3根和月季等高的支柱、纤细钢丝及麻绳。

步骤

1. 包围月季的植株，使支柱呈锥形排列。
2. 为了预防支柱松动，先用钻杆在地面开一个孔，再将支柱插入其中，然后用钢丝固定住上面部分。
3. 将麻绳一圈一圈地缠绕在3根支柱的周围，压住枝条，以便将月季的纤细枝条，尽数收拢在圆锥形支柱之中。

2 落叶树的修剪

在落叶树休眠期间，对其进行修剪。春季开花的灌木类植物，如果在这个时期进行修剪的话，其花芽会脱落，因此，我们只会剪去枯枝及杂乱的枝丫。额紫阳花（*Hydrangea macrophylla f.normalis*）等植物，要在花期结束后立即进行剪枝，但树状绣球"安娜贝尔"、圆锥绣球"格兰迪弗洛拉"等新枝亦可开花的品种，即使在这个时期进行剪枝，也无伤大雅。

根据修剪位置不同，植株形态也会发生巨大变化。如果想打造有弧度的、枝丫低垂的形态的话，可剪去植株的二分之一左右；若是想使植株变得更为紧凑的话，就可从根部开始进行修剪。

3 土壤改良

2月左右，冰雪消融，土壤渐渐软化。此时，要在未种植宿根草类的地方进行翻土。让其经历风吹日晒，最后再撒上牛粪堆肥，创造出松软的土壤。

用铁锹对花坛的土壤进行翻土，加入堆肥。经过寒风的吹拂，可杀死虫卵。

4 宿根草类植物的养护

在冰雪开始融化的2月，对上一年残留下来的宿根草类的枝丫及花茎进行修剪。一边确认生出的新芽，一边进行修剪，以防止误把新芽剪掉。如果在年节内进行修剪的话，植株可能会因寒冷而枯死，因此，在这个时期进行修剪最为放心。铁筷子的修剪也在这个时期进行。对于被雪压住，枝叶粘在一起且满是伤痕的枝条，要从根部进行修剪。以确保花蕾受到充足的日照。

正在剪掉秋季残留的福禄考属、紫菀属等植物的枯枝。这项工作结束后，花园会变得十分清爽。

庭院设计不可或缺的 园艺工具

要修整广阔的花园，工具的便利度是最重要的。我们使用的不一定是昂贵的东西，但必须是我们适用的。如果工具好用，长期使用下来，工具也会渐渐和我们的身体相适应。

园艺工具

对于使用时需发力的工具，我们选择的是符合工效学（Ergonomics，我们日常所说的人体工程学）的。随着使用，工具会弯曲或出现缺口，所以需要进行打磨等保养。

心形铁锹

荷兰制造的铁锹十分锐利，容易插入土壤，木制手柄手感很好。用于宿根草类的移植和分株。

叉子和耙子

叉子用于播撒肥料，或是将剪掉的杂草装进独轮车。耙子则用于平整土地，十分便利。

短铲

便于瘦弱的片冈女士使用的袖珍铁铲。可用于栽种、移植、施肥等一切作业的便利工具。

锯和剪刀

锯用于粗大树木的修剪，右边的剪刀用于月季等灌木类植物，或是大型宿根草类植物的修剪，中间的剪刀是用于草类的修剪。

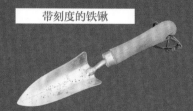

带刻度的铁锹

铁锹尖长，用于对狭窄空间进行深度挖掘，如嵌植球根等。带有可测深度的刻度。

展示和收纳

因为每日都会使用，所以将工具放在库房里的话，十分不便。因此，为了能够轻易拿取及整理，制作了一个简易的收纳空间，并且设计得十分有创意。

安装一个有小猪形装饰的三连钩，增添可爱感。

在苗的贩售架上设置可挂工具的空间。为了不让其显得突兀，将板墙刷成了灰色。

其他

选择轻便好用，且颜色不会影响花园风景的物品。使用起来能使人心情愉悦这一点也很重要。

喷壶

英国公司制造的喷壶。因为是塑料材质，所以即使装入几升水，也不会特别沉。

花园筐篮

英国制造的塑料筐篮，因为轻巧且可整体清洗，所以使用方便。可用于装挖出的球根或收获的蔬菜。

花园水桶

大中小型俱全的尼龙、聚乙烯制水桶，轻巧、易携带、便于使用。用于装枯花或是除草后的垃圾。

花园手套

合手且便于作业的工具。颜色鲜明，即使是一不留神将其放置在某处，或是不小心遗落，都可轻松找到。

独轮车

一人一辆，加上备用车共有四辆独轮车。用于搬运分量重的幼苗，或是装载收割的植物，十分便利。

麻绳

用于牵引藤蔓或枝条的麻绳。因为是天然质地，拆卸时直接剪下扔掉即可。

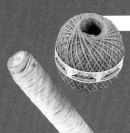

2

左图 / 木制小屋的墙壁上架有一块木板，可挂上许多镰刀，达到收纳效果。
上图 朴素有趣的剪刀和刷子，悬挂在墙壁的钉子上。并且搭配上倒挂的干花，提升整体美感。

3

利用商店的墙壁，悬挂绕成环状的钢丝。大叶醉鱼草伸展着枝叶，引人注目，构成如画般的角落。

让我们一窥
GARDEN SOIL（花园净土）的店铺！

冬季也会营业哦！

GARDEN SOIL 店铺的建筑物，是由田口先生设计的，是一个自然、简单又时髦的空间，正好与自然风花园相称。在这样的建筑物中，不仅仅有园艺主题，还充斥着许多让生活变得丰富多彩的物品。即使是在大雪弥漫的冬季，也有许多为买杂货而来的客人。这里保证可以提高您的生活品位。

以灰色为基调的空间，井然有序地摆放着自然风的杂货。蓝色的灯罩，洋溢着北欧风情。

看点 **1** 植物搭配

在用于处理简单工作及休憩的桌上，摆放从花园收获的花草来修饰，可提升整体品位。

将水仙、风信子等水培植物，放置在角落，增添一丝清新感。选择枝叶纤细的品种更能达到"润物细无声"的效果。

朋友制作的含羞草（Mimosa）花环。富有季节感的装饰，吸引眼球。

看点 **2**

独具魅力的商品及橱窗陈列

上左图 / 靠墙的大型木架上，成排摆放着各种各样的罐子。大型罐子则摆放在外面。

上右图 / 如同身处国外的家庭用品商店一般，商品丰富多样，橱窗的陈列时髦。

中左图 / 窗边陈列着花瓶等闪闪发光的玻璃制品。

中间图 / 摆放着众多多肉植物。

中右图 / 壁挂型柜橱里摆放着许多餐具，显得十分温馨，如同欧式乡村的厨房一般。

下左图 / 既简单又美观的陈列品，仅供参考。

下右图 / 室内外皆可玩赏的装饰品。

Original Japanese title: Garden Soil, Our Gardening and Plants Catalog

Copyright © 2017 MUSASHI BOOKS

Original Japanese edition published by MUSASHI BOOKS

Simplified Chinese translation rights arranged with MUSASHI BOOKS through The English Agency (Japan) Ltd. and Shanghai To-Asia Culture Co., Ltd.

日版工作人员

编辑　井上园子

排版　SUZUKIFUSAKO（Uhuw...Design Room）

　　　平井绘梨香　中川 MIKI

摄影　今坂雄贵　关根 OSAMU　田口勇

本书由 FG 武藏授权机械工业出版社在中国境内（不包括香港、澳门特别行政区及台湾地区）出版与发行。未经许可之出口，视为违反著作权法，将受法律之制裁。

北京市版权局著作权合同登记　图字：01-2019-5019 号。

图书在版编目（CIP）数据

有香气的自然风花园：庭院设计与植物图鉴 / 日本FG武藏著；许佳琳译. — 北京：机械工业出版社，2020.8
（打造超人气花园）
ISBN 978-7-111-64983-0

Ⅰ.①有… Ⅱ.①日… ②许… Ⅲ.①庭院 – 园林设计
②庭院 – 园林植物 – 观赏园艺 Ⅳ.①TU986.2 ②S688

中国版本图书馆CIP数据核字（2020）第039078号

机械工业出版社（北京市百万庄大街22号　邮政编码100037）
策划编辑：马　晋　责任编辑：马　晋
责任校对：王　延　责任印制：张　博
北京宝隆世纪印刷有限公司印刷

2020年6月第1版第1次印刷
187mm×260mm・7印张・121千字
标准书号：ISBN 978-7-111-64983-0
定价：59.80元

电话服务　　　　　　　　　网络服务
客服电话：010–88361066　　机　工　官　网：www.cmpbook.com
　　　　　010–88379833　　机　工　官　博：weibo.com/cmp1952
　　　　　010–68326294　　金　书　网：www.golden-book.com
封底无防伪标均为盗版　　　机工教育服务网：www.cmpedu.com